中等职业学校电类规划教材

电气运行与控制专业系列

电力拖动

俞 艳 主编

人民邮电出版社

北京

图书在版编目（CIP）数据

电力拖动 / 俞艳主编. -- 北京 ：人民邮电出版社，
2012.5（2023.7 重印）
中等职业学校电类规划教材. 电气运行与控制专业系
列
ISBN 978-7-115-27429-8

Ⅰ. ①电… Ⅱ. ①俞… Ⅲ. ①电力传动－中等专业学
校－教材 Ⅳ. ①TM921

中国版本图书馆CIP数据核字(2012)第037134号

内 容 提 要

本书根据中等职业学校电类专业的培养目标，以中职电气控制线路安装、调试和检修基本技能为主线进行编写。本书分为三相异步电动机典型电气控制线路安装与调试、直流电动机典型电气控制线路安装与调试、常用生产机械电气故障检修三大模块，共 17 个项目，每个项目有若干任务，每个任务按"任务描述、任务操作、任务评议、任务拓展"编写，将电气控制线路安装、调试和检修基本技能的训练与生产实际的应用相结合。

本书体例新颖，注重基础，突出技能，选用灵活，贴近中职教学实际，可作为中等职业学校电类专业"电力拖动"课程教材，也可作为技能培训教材。

◆ 主　编　俞　艳
　责任编辑　王　平

◆ 人民邮电出版社出版发行　北京市丰台区成寿寺路 11 号
　邮编　100164　电子邮件　315@ptpress.com.cn
　网址　http://www.ptpress.com.cn
　北京天宇星印刷厂印刷

◆ 开本：787×1092　1/16
　印张：15　　　　　　　　2012 年 5 月第 1 版
　字数：365 千字　　　　　2023 年 7 月北京第 14 次印刷

ISBN 978-7-115-27429-8
定价：29.80 元
读者服务热线：(010)81055256　印装质量热线：(010)81055316
反盗版热线：(010)81055315
广告经营许可证：京东市监广登字 20170147 号

前　言

　　本书根据中等职业教育的培养目标，同时参考有关行业的职业技能鉴定规范及中级技术工人等级考核标准，以中等职业学校电类专业学生所必备的电气控制线路安装、调试和检修操作技能为主线，坚持"以全面素质为基础，以就业为导向，以能力为本位，以学生（读者）为主体"，贴近中职教学实际，努力体现"体例新颖，注重基础，突出技能，选用灵活"的特点。

　　体例新颖——本书突出中职技能教学特色，体系结构采用模块结构，使学生在学习过程中更能体会到知识的连贯性、针对性和选择性，做到学得进、用得上；版式设计采取较为生动的形式，图文并茂，在文字中插入大量照片、示意图、表格，增强内容的直观性，不仅关注学生对知识的理解、技能的掌握和能力的提高，还重视规范操作、安全文明生产等职业素养的养成。

　　注重基础——为使中职生的能力结构能适应职业变化的需求，本书注重"四基"，即基本知识、基本技能、基本能力和基本素养，为学生具备进入学习型社会所需要的各种能力打下良好基础，为学生面对社会就业所需要的专业能力、方法能力和社会能力打下良好基础，为学生职业生涯的发展奠定基础。

　　突出技能——本书将技能实训融合在各知识点中，坚持"做中学、做中教"，做到"教、学、做"合一，积极探索理论和实践一体化的教学模式，使电力拖动基本理论的学习、基本技能的训练与生产实际的应用相结合，引导学生通过学习过程体验电气控制线路安装、调试和维修过程，提高学习兴趣，掌握相应的知识和技能。

　　选用灵活——本书采用模块结构，将内容分为必修模块与选学模块（加*的内容），具有较大的灵活性。

　　教学资源——本书为授课老师提供电子课件、习题答案，同时提供"任务评议"中的"评分表"电子文档，老师可根据实际教学需要调整表格使用。老师可登录人民邮电出版社教学服务与资源网（www.ptpedu.com.cn）下载。

　　本课程建议教学总学时为144～180学时，各学校可根据教学实际灵活安排。各部分内容的学时分配建议参考下表。

学时建议表

教　学　模　块	教　学　项　目	建　议　学　时	
		必修	选学
模块一　三相异步电动机典型电气控制线路安装与调试	项目一　三相笼型异步电动机点动控制线路安装与调试	16	
	项目二　三相笼型异步电动机连续控制线路安装与调试	8	
	项目三　三相笼型异步电动机正反转控制线路安装与调试	12	
	项目四　三相笼型异步电动机自动往返控制线路安装与调试	10	
	项目五　三相笼型异步电动机顺序控制线路安装与调试	10	
	项目六　三相笼型异步电动机降压启动控制线路安装与调试	16	
	项目七　三相笼型异步电动机制动控制线路安装与调试	12	

续表

教 学 模 块	教 学 项 目	建 议 学 时	
		必修	选学
模块一　三相异步电动机典型电气控制线路安装与调试	项目八　三相异步电动机调速控制线路安装与调试	12	
	*项目九　三相绕线转子异步电动机转子绕组串电阻控制线路安装与调试		8
	*项目十　三相绕线转子异步电动机转子绕组串频敏变阻器控制线路安装与调试		8
模块二　直流电动机典型电气控制线路安装与调试	*项目十一　并励直流电动机典型电气控制线路安装与调试		8
	*项目十二　串励直流电动机典型电气控制线路安装与调试		8
模块三　常用生产机械电气故障检修	项目十三　普通车床电气故障检修	8	
	项目十四　平面磨床电气故障检修	8	
	项目十五　摇臂钻床电气故障检修	8	
	项目十六　万能铣床电气故障检修	12	
	项目十七　卧式镗床电气故障检修	12	
	机动		4
总　　计		144	36

　　本书由俞艳担任主编，赵红琴担任副主编，陈晓红、汤芳丽、倪红丹参编。本书在编写过程中，得到了杭州市萧山区第一中等职业学校、绍兴市职教中心领导和老师的大力支持，在此表示真挚感谢！

　　由于编者水平有限，书中难免存在不足之处，恳请使用本书的读者批评指正，以期不断提高。

编者

2011 年 12 月

目　录

模块一 三相异步电动机典型电气控制线路安装与调试

项目一 三相笼型异步电动机点动控制线路安装与调试

在电力拖动控制技术中，三相笼型异步电动机往往需要点动控制，以满足控制要求，例如，普通车床的快速移动装置和电动葫芦等。三相笼型异步电动机点动控制是指需要电动机作短时断续工作时，只要按下按钮，电动机就转动；松开按钮，电动机就停车的控制。它是用按钮、接触器来控制电动机运转的最简单的单向控制线路。那么，三相笼型异步电动机点动控制线路需要哪些低压电器，线路又是如何安装与调试的呢？

任务一 熔断器识别与检测

任务描述

- 任务内容

识别熔断器的接线柱，检测熔断器的质量。

- 任务目标

◎ 能说明熔断器的主要用途，认识熔断器的外形、符号和常用型号。

◎ 会查找熔断器的主要技术参数，会按要求正确选择熔断器。
◎ 会识别熔断器的接线柱，检测熔断器的质量。

任务操作

● 读一读　阅读熔断器的使用说明

（1）熔断器的用途和符号。熔断器是低压配电电路和电力拖动系统中一种最简单的安全保护电器，主要用作短路保护，有时也可用于过载保护。熔断器串接在被保护的电路中，正常工作时相当于一根导体，保证电路接通。当电路发生短路或过载时，熔体熔断，自动断开电路。熔断器的符号如图 1.1 所示。

（2）熔断器的型号。熔断器的型号及意义如图 1.2 所示。

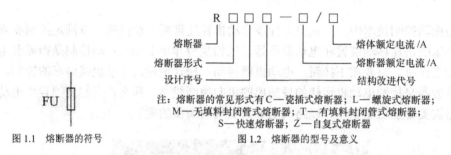

FU

图 1.1　熔断器的符号

注：熔断器的常见形式有 C—瓷插式熔断器；L—螺旋式熔断器；
M—无填料封闭管式熔断器；T—有填料封闭管式熔断器；
S—快速熔断器；Z—自复式熔断器

图 1.2　熔断器的型号及意义

图 1.3（a）所示是电力拖动系统中最常用的螺旋式熔断器，常用型号有 RL1、RL2、RL6、RL7、RLS1、RLS2 系列，其结构如图 1.3（b）所示。

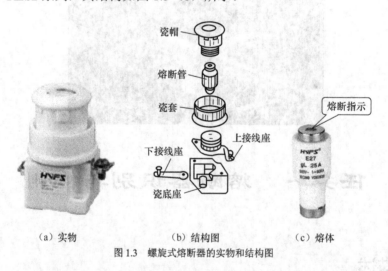

（a）实物　　　　（b）结构图　　　　（c）熔体

图 1.3　螺旋式熔断器的实物和结构图

螺旋式熔断器主要由瓷帽、熔断管、瓷套、上接线座、下接线座及瓷底座等部分组成。它是一种有填料的封闭管式熔断器，螺旋式熔断器的熔体安装在熔断管内，熔断管内部充满起灭弧作用的石英砂。熔断管自身带有熔体熔断指示装置，如图 1.3（c）所示。

螺旋式熔断器具有较好的抗震性能，灭弧效果与断流能力均优于瓷插式熔断器，广泛应用于交流额定电压 380V、额定电流 200A 及以下的电路，用于控制箱、配电屏、机床设备及震动较大的场所，作短路保护。

● **选一选　选择熔断器的规格**

（1）熔断器的主要技术参数。低压熔断器的主要技术参数有额定电压、熔断器额定电流和熔体额定电流等。

① 额定电压。熔断器的额定电压是熔断器长期正常工作能承受的最大电压。

② 熔断器额定电流。熔断器额定电流是熔断器（绝缘底座）允许长期正常工作的电流。

③ 熔体额定电流。熔体额定电流是熔体长期正常工作而不熔断的电流。

常用螺旋式熔断器的主要技术参数见表 1.1。

表 1.1　　　　　　　　　　　常用螺旋式熔断器的主要技术参数

类　别	型　号	额定电压/V	额定电流/A	熔体额定电流等级/A
螺旋式熔断器	RL1-15	交流 500	15	2、4、6、10、15
	RL1-60		60	20、25、30、35、40、45、50、60
	RL1-100		100	60、80、100
	RL1-200		200	100、125、150、200
	RL6-16		16	2、4、5、6、10、16
	RL6-25		25	16、20、25
	RL6-63		63	30、35、40、50、63
	RL6-100		100	80、100

注意　　熔断器额定电流与熔体额定电流是两个不同的概念。一个额定电流等级的熔断器可以配用若干个额定电流等级的熔体，但要保证熔体的额定电流值不能大于熔断器的额定电流值。例如，型号为 RL1-60 的熔断器，其额定电流为 60A，它可以配用额定电流为 20A、25A、30A、35A、40A、45A、50A、60A 的熔体。

（2）熔断器的选用。选用低压熔断器时，一般只考虑熔断器的额定电压、熔断器额定电流和熔体额定电流 3 项参数，其他参数只有在特殊要求时才考虑。

① 熔断器的选用。熔断器的额定电压和额定电流应不小于电路的额定电压和所装熔体的额定电流。熔断器的类型根据电路要求和安装条件而定。

② 熔体的选用。熔体的选用见表 1.2。

表 1.2　　　　　　　　　　　低压熔断器熔体的选用

保护对象	选用原则
电炉和照明等电阻性负载	熔体额定电流 I_{RN} 不小于电路的工作电流 I_N，即 $I_{RN} \geq I_N$
配电电路	为防止熔断器越级动作而扩大停电范围，后一级熔体的额定电流比前一级熔体的额定电流至少要大一个等级。同时，必须校核熔断器的极限分断能力
电动机	（1）对于单台电动机，熔体的额定电流 I_{RN} 应不小于电动机额定电流 I_N 的 1.5～2.5 倍，即 $I_{RN} \geq (1.5\sim2.5) I_N$ （2）对于多台电动机，熔体的额定电流 I_{RN} 应不小于最大一台电动机额定电流 I_{Nmax} 的 1.5～2.5 倍，加上同时使用的其他电动机额定电流之和 ΣI_N， 即 $I_{RN} \geq (1.5\sim2.5) I_{Nmax} + \Sigma I_N$ （3）轻载启动或启动时间短时，系数可取小些；重载启动或启动时间较长时，系数可取大些 （4）因电动机的启动电流很大，熔体的额定电流应保证熔断器不会因电动机启动而熔断，一般只用作短路保护，而不能作过载保护

• 做一做　识别与检测熔断器

请对照表 1.3 所列熔断器的识别与检测方法，识别 RL1 系列熔断器的型号、接线柱，检测熔断器的质量，填写表 1.4。

表 1.3　　　　　　　　RLI 系列熔断器的识别与检测方法

序号	任　务	操 作 要 点
1	识读熔断器型号	熔断器的型号标注在瓷座的铭牌上或瓷帽上方
2	识别上、下接线柱	上接线柱（高端）为出线端子，下接线柱（低端）为进线端子
3	识别熔体好坏	从瓷帽玻璃往里看，熔体有色标表示熔体正常，无色标表示熔体已断路
4	识读熔体额定电流	熔体额定电流标注在熔体表面
5	检测熔断器好坏	将万用表置于 $R \times 1\Omega$ 挡，欧姆调零后，将两表笔分别搭接在熔断器的上、下接线柱上，若阻值为 0，熔断器正常；阻值为 ∞，熔断器已断路，应检查熔体是否断路或瓷帽是否旋好等

表 1.4　　　　　　　　熔断器的识别与检测操作记录

序号	任　务	操 作 记 录
1	识读熔断器型号	熔断器的型号为_____
2	识别上、下接线柱	上接线柱（高端）为_____端子，下接线柱（低端）为_____端子
3	识别熔体好坏	从瓷帽玻璃往里看，熔体_____（有或无）色标，熔体_____（正常或断路）
4	识读熔体额定电流	熔体额定电流为_____
5	检测熔断器好坏	将万用表置于_____挡。经检测，上、下接线柱之间的阻值为_____，熔断器_____（正常或断路）

任务评议

请将"熔断器的识别与检测"实训评分填入"元器件识别与检测实训评分表"。

任务拓展

• 拓展 1　低压电器的分类

电器是指用于接通和断开电路或对电路和电气设备进行保护、控制和调节的电工器件。在电力输配电系统和电力拖动自动控制系统中，电器的应用极为广泛。常用电器的分类见表 1.5。

表 1.5　　　　　　　　常用电器的分类

序　号	分类形式	名　称	说　明
1	按工作电压等级分	高压电器	用于交流电压 1 200V、直流电压 1 500V 及以上电路
		低压电器	用于交流电压 1 200V、直流电压 1 500V 以下电路
2	按用途分	配电电器	用于供配电系统中实现对电能的输送、分配和保护
		控制电器	用于生产设备自动控制系统中进行控制、检测和保护
3	按触点动力来源分	手动电器	通过人力驱动使触点动作
		自动电器	通过非人力驱动使触点动作
4	按执行机构分	有触点电器	有可分离的动触点和静触点，利用触点的接触和分离实现电路的通断控制
		无触点电器	没有可分离的触点，主要利用半导体元器件的开关效应实现电路的通断控制
5	按工作环境分	一般用途电器	一般环境和工作条件下使用
		特殊用途电器	特殊环境和工作条件下使用

低压电器按用途可分为低压配电电器和低压控制电器，见表1.6。

表1.6 低压配电电器和低压控制电器

种 类	适 用 场 合	工 作 要 求	举 例
低压配电电器	用于低压配电系统中，对电器及用电设备进行保护和通断、转换电源或负载	工作可靠，在系统发生异常情况下动作准确，并有足够的热稳定性和动稳定性	熔断器、刀开关、低压断路器等
低压控制电器	用于低压电力拖动、自动控制系统和用电设备中，使其达到预期的工作状态	体积小，重量轻，工作可靠	按钮、行程开关、接触器、继电器等

● 拓展2 常用的低压熔断器

除螺旋式熔断器外，常用低压熔断器还有瓷插式熔断器、有填料封闭管式熔断器、快速熔断器等，其外形、常用型号和用途见表1.7。

表1.7 常用低压熔断器的外形、常用型号和用途

分 类	外 形	常用型号	用 途
瓷插式熔断器		RC1A系列	结构简单、价格低廉、体积小、带电更换熔体方便。一般用于交流额定电压380V、额定电流200A及以下的低压线路或分支线路中，作电气设备的短路保护及过载保护
有填料封闭管式熔断器		RT12、RT14、RT15、RT17系列	具有熔断迅速、分断能力强、无声光现象等良好性能，但结构复杂，价格昂贵。主要用于交流额定电压380V、额定电流1 000A以下的大短路电流的电力网络和配电装置中，作电路、电机、变压器及其他电气设备的短路和过载保护
快速熔断器		RS0、RS3、RLS1、RLS2系列	具有快速动作的特性，且结构简单、使用方便、动作灵敏可靠。适用于交流50Hz、额定电压1 000V以下、额定电流700A以下的电路中，作为可控硅整流元件及其成套装置的短路及某些不允许过电流的过负荷保护

● 拓展3 新型熔断器简介

（1）NT型低压高分断能力熔断器。它是从德国引进的新型熔断器，具有分断能力高、熔体额定电流分级密、特性误差小等优点，广泛用于电气设备的过载和短路保护，如图1.4（a）所示。

（2）CS5F、CS10F型半导体器件保护用熔断器。它是从德国引进的新型熔断器，具有分断能力高、限流特性好、功率损耗低、周期性负载稳定等特点，能可靠地保护半导体器件及其成套装置，如图1.4（b）所示。

（3）KRP-CL-500 型延时熔断器。它是从美国引进的新型熔断器，适用于各种电源保护、变频器保护、驱动系列产品保护等，如图 1.4（c）所示。

（a）NT 型熔断器　　　　（b）CS5F 型熔断器　　　　（c）KRP-CL-500 型熔断器

图 1.4　新型熔断器

- **拓展 4　熔断器的安装**

（1）熔断器应完整无损，安装低压熔断器时应保证熔体和夹头以及夹头和夹座接触良好，并具有额定电压、额定电流值标志。

（2）瓷插式熔断器应垂直安装，螺旋式熔断器的电源线应接在瓷底座的下接线座上，负载线应接在螺纹壳的上接线座上，如图 1.5 所示。这样在更换熔断管时，旋出螺帽后螺纹壳上不带电，从而保证操作者的安全。

（3）安装熔体时，必须保证接触良好，不允许有机械损伤。若熔体为熔丝时，应预留安装长度，固定熔丝的螺丝应加平垫圈，将熔丝两端沿压紧螺丝顺时针方向绕一圈，压在垫圈下，用适当的力拧紧螺钉，以保证接触良好，如图 1.6 所示。同时注意不能损伤熔丝，以免减小熔体的截面积，产生局部发热而导致误动作。

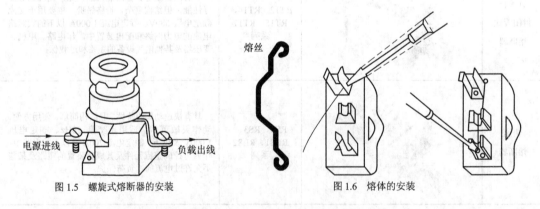

图 1.5　螺旋式熔断器的安装　　　　　　　　　图 1.6　熔体的安装

（4）熔断器内要安装合格的熔体，不能用多根小规格熔体并联代替一根大规格熔体；各级熔体应相互配合，并做到下一级熔体规格比上一级规格小。

（5）更换熔体或熔管时，必须切断电源。尤其不允许带负荷操作，以免发生电弧灼伤。

（6）熔断器兼做隔离器件使用时，应安装在控制开关的电源进线端；若仅作短路保护用，应安装在控制开关的出线端。

（7）安装熔断器除保证适当的电气距离外，还应保证安装位置间有足够的间距，以便于拆卸、更换熔体。

任务二　刀开关识别与检测

任务描述

● **任务内容**

识别刀开关的接线柱，检测刀开关的质量。

● **任务目标**

◎ 能说明刀开关的主要用途，认识刀开关的外形、符号和常用型号。

◎ 会查找刀开关的主要技术参数，会按要求正确选择刀开关。

◎ 会识别刀开关的接线柱，检测刀开关的质量。

任务操作

● **读一读　阅读刀开关的使用说明**

（1）刀开关用途和符号。刀开关是结构最简单、应用最广泛的一种手动操作的电器，常用作电源隔离开关，也可用于不频繁地接通和断开小电流配电电路或直接控制小容量电动机的启动和停止。目前，使用最为广泛的是开启式负荷开关和转换开关，见表1.8。

表 1.8　　　　　　　　　　常用刀开关

分类	开启式负荷开关（瓷底胶盖刀开关）	转换开关（组合开关）
外形 符号	QS	SA
结构	胶盖　瓷柄　动触点　出线座　瓷底　胶盖紧固螺钉　进线座　静触点　熔丝	手柄　转轴　扭簧　凸轮　绝缘杆　绝缘垫板　动触片　静触片　接线柱
型号	HK 系列（HK1、HK2）	HZ 系列（HZ1、HZ2、HZ3、HZ4、HZ5、HZ10）
用途	主要用于照明、电热设备电路和功率小于 5.5kW 的异步电动机直接启动的控制电路，供手动不频繁地接通或断开电路	多用于机床电气控制线路中作为电源引入开关，也可用作不频繁地接通或断开电路，切换电源和负载，控制 5.5kW 及以下小容量异步电动机的正反转或 Y—△启动

（2）刀开关的型号。刀开关的型号及意义如图1.7所示。

- **选一选　选择刀开关的规格**

（1）刀开关的主要技术参数。刀开关的主要技术参数有额定电压、额定电流和分断能力等。

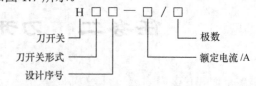

① 额定电压。刀开关的额定电压是刀开关长期正常工作能承受的最大电压。

注：刀开关的常见形式有 K—开启式负荷开关；R—熔断器式刀开关；H—封闭式负荷开关；Z—组合开关。

图1.7　刀开关的型号及意义

② 额定电流。刀开关的额定电流是刀开关在合闸位置允许长期通过的最大工作电流。

③ 分断能力。刀开关的分断能力是指刀开关在额定电压下能可靠分断的最大电流。

HK1系列开启式刀开关和HZ10系列组合开关的主要技术参数分别见表1.9、表1.10。

表1.9　　　　　　　　　　HK1系列开启式负荷开关的主要技术参数

型号	极数	额定电流/A	额定电压/V	可控制电动机最大容量/kW	配用熔丝规格			
					熔丝成分			熔丝线径/mm
					铅	锡	锑	
HK1-15	2	15	220	1.5				1.45～1.59
HK1-30	2	30	220	3.0				2.30～2.52
HK1-60	2	60	220	4.5	98%	1%	1%	3.36～4.00
HK1-15	3	15	380	2.2				1.45～1.59
HK1-30	3	30	380	4.0				2.30～2.52
HK1-60	3	60	380	5.5				3.36～4.00

表1.10　　　　　　　　　　HZ10系列转换开关的主要技术参数

型号	额定电压/V	额定电流/A	极数	极限分断能力/A		可控制电动机最大容量和额定电流		电寿命	
								交流 $\cos\phi$	
				接通	分断	容量/kW	额定电流/A	≥0.8	≥0.3
HZ10-10	交流380	6	单极	94	62	3	7	20 000	10 000
		10							
HZ10-25		25	2、3	155	108	5.5	12		

（2）刀开关的选用。选用刀开关时，一般考虑其额定电压、额定电流两个参数，其他参数只在有特殊要求时才考虑。常用刀开关的选用见表1.11。

表1.11　　　　　　　　　　　　常用刀开关的选用

分类	用　途	选用原则
开启式负荷开关	用于控制照明和电热负载	选用额定电压220V或250V、额定电流不小于电路所有负载额定电流之和的两极开启式负荷开关
	用于控制电动机的直接启动和停止	选用额定电压380V或500V、额定电流不小于电动机额定电流3倍的三极开启式负荷开关
组合开关	用于直接控制异步电动机的启动和正、反转	根据电源种类、电压等级、所需触点数、接线方式和负载容量进行选用，组合开关的额定电流一般取电动机额定电流的1.5～2.5倍

- **做一做　识别与检测刀开关**

请对照表1.12、表1.13所示HK1系列开启式负荷开关和HZ10系列转换开关的识别与检测方法，识别开启式负荷开关和组合开关的型号、接线柱，检测开启式负荷开关和转换开关的质量，完成表1.14。

表1.12   HKI系列开启式负荷开关的识别与检测方法

序 号	任 务	操 作 要 点
1	识读型号	开启式负荷开关的型号标注在胶盖上
2	识别接线柱	进线座（上端）为进线端子，出线座（下端）为出线端子
3	安装熔体	打开胶盖（大），安装合适的熔体
4	检测开启式负荷开关好坏	将万用表置于R×1Ω挡，欧姆调零后，将两表笔分别搭接在开启式负荷开关的进、出线端子上，合上开关，若阻值为0，开启式负荷开关正常；阻值为∞，开启式负荷开关已断路，应检查熔体连接是否可靠等

表1.13   HZ10系列转换开关的识别与检测方法

序 号	任 务	操 作 要 点
1	识读型号	组合开关的型号标注在手柄下方的胶盖表面
2	识别接线柱	上接线柱为进线端子，下接线端子为出线端子
3	检测组合开关好坏	将万用表置于R×1Ω挡，欧姆调零后，将两表笔分别搭接在组合开关的进、出线端子上，手柄转在"0"位置时，阻值为∞，组合开关断开；手柄转在"Ⅰ"位置时，阻值为0，组合开关闭合

表1.14   刀开关的识别与检测记录

序 号	任 务	操 作 记 录
1	识读型号	开启式负荷开关的型号为_____，组合开关的型号为_____
2	识别接线柱	开启式负荷开关的进线座（上端）为_____端子，出线座（下端）为_____端子；转换开关的进线座（上端）为_____端子，出线座（下端）为_____端子
3	检测开关好坏	将万用表置于_____挡。经检测，合上开关时，开启式负荷开关的进、出线端子之间的阻值为_____，开启式负荷开关_____（正常可断路）； 组合开关手柄转在"0"位置时，组合开关的进、出线端子的阻值为_____，手柄转在"Ⅰ"位置时，进、出线端子的阻值为_____，组合开关_____（正常或断路）

任务评议

请将"刀开关识别与检测"实训评分填入"元器件识别与检测实训评分表"。

任务拓展

● 拓展1 LW系列万能转换开关

图1.8（a）所示是LW2系列万能转换开关，主要用于交、直流220V及以下的电气设备中作各种控制开关，亦可作为各种电气仪表、伺服电机及微机的转换开关，可装在配电箱、控制屏上或其他装置中的金属板及绝缘板上，可以垂直、水平及倾斜方向使用。

图1.8（b）所示是LW6型万能转换开关，主要适用于交流50Hz电压至380V，直流电压至220V，电流至5A的机床控制线路中，实现各种线路的控制和转换。

图1.8（c）所示是LW28（3SV4，3SV5）系列万能转换开关，它是引进德国西门子公司

先进技术制造的新型转换开关,额定电流为 10A,可用于交流 50Hz 电压至 380V 及直流电压至 220V 的电路中,作为电气控制线路的转换、电气测量仪表的转换、配电设备的远距离控制等。

(a) LW2 系列万能转换开关　　(b) LW6 系列万能转换开关　　(c) LW28 系列万能转换开关

图 1.8　LW 系列万能转换开关

- **拓展 2　刀开关的安装**

(1) 将开启式负荷开关垂直安装在配电板上,并保证手柄向上推为合闸。不允许平装或倒装,以防止产生误合闸。

(2) 接线时,电源进线应接在开启式刀开关上面的进线端子上,负载出线接在刀开关下面的出线端子上,保证刀开关分断后,闸刀和熔体不带电,如图 1.9 (a) 所示。

(3) 开启式负荷开关必须安装熔体。安装熔体时熔体要放长一些,形成弯曲形状,如图 1.9 (b) 所示。

(4) 开启式负荷开关应安装在干燥、防雨、无导电粉尘的场所,其下方不得堆放易燃易爆物品。

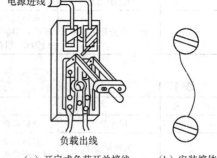

(a) 开启式负荷开关接线　　　(b) 安装熔体

图 1.9　开启式负荷开关的安装

(5) HZ10 组合开关应安装在控制箱 (或壳体) 内,其操作手柄最好伸出在控制箱的前面或侧面,应使手柄在水平旋转位置时为断开状态。HZ3 组合开关的外壳必须可靠接地。

任务三　低压断路器识别与检测

任务描述

- **任务内容**

识别低压断路器的接线柱,检测低压断路器的质量。

- **任务目标**

◎能说明低压断路器的主要用途,认识低压断路器的外形、符号和常用型号。

◎会查找低压断路器的主要技术参数,会按要求正确选择低压断路器。

◎会识别低压断路器的接线柱,检测低压断路器的质量。

任务操作

● **读一读 阅读低压断路器的使用说明**

（1）低压断路器用途和符号。低压断路器又名自动空气开关或自动空气断路器，简称断路器。它是一种重要的控制和保护电器，既可手动又可电动分合电路，主要用于低压配电电网和电力拖动系统中。它集控制和多种保护功能于一体，对电路或用电设备实现过载、短路和欠压等保护，也可用于不频繁地转换电路及启动电动机。低压断路器按结构形式可分为塑壳式（又称装置式）、框架式（又称万能式）、限流式、直流快速式、灭磁式和漏电保护式 6 类。低压断路器的符号如图 1.10 所示。

（2）低压断路器的型号。低压断路器的型号及意义如图 1.11 所示。常见断路器有 DZ 系列塑壳式断路器。

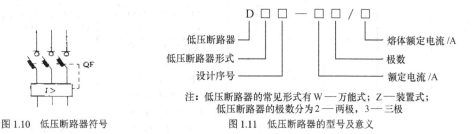

图 1.10 低压断路器符号　　　　图 1.11 低压断路器的型号及意义

常用的 DZ 系列低压断路器的外形和结构如图 1.12 所示，它由触点系统、灭弧系统、操作机构、各种脱扣器及绝缘外壳等部分组成，主要用作电源开关，也适用于手动不频繁地接通和断开容量较大的低压电网和控制较大容量的电动机场合，常用型号有 DZ5、DZ10、DZ20 等系列。

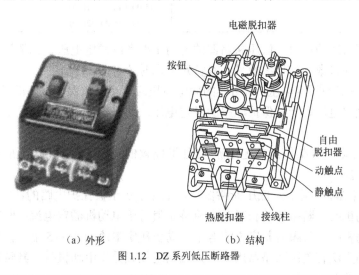

（a）外形　　　　　（b）结构

图 1.12 DZ 系列低压断路器

　　低压断路器的保护作用是由各种脱扣器实现的。电磁脱扣器起短路保护作用，热脱扣器起过载保护作用，失压脱扣器起失压和零压保护作用，分励脱扣器实现远距离操作，复式脱扣器起短路和过载保护作用。

● **选一选 选择低压断路器的型号规格**

（1）低压断路器的主要技术参数。低压断路器的主要技术参数有额定电压、壳架等级额定电流和断路器额定电流等。

① 额定电压。低压断路器的额定电压是低压断路器长期工作正常所能承受的最大电压。

② 壳架等级额定电流。低压断路器的壳架等级额定电流是每一塑壳或框架中所装脱扣器的最大额定电流。

③ 断路器额定电流。低压断路器的额定电流是脱扣器允许长期通过的最大电流。

常用 DZ5-20 系列低压断路器的主要技术参数见表 1.15。

表 1.15　　　　　　　　　　　DZ5-20 系列低压断路器的主要技术参数

型号	额定电压/V	额定电流/A	极数	脱扣器类别	热脱扣器额定电流（括号内为整定电流调节范围）/A	电磁脱扣器瞬时动作整定电流/A
DZ5-20/200	交流 380	20	2	无脱扣器	—	—
DZ5-20/300			3			
DZ5-20/210			2	热脱扣器	0.15（0.10～0.15）	为热脱扣器额定电流的 8～12 倍（出厂时整定在 10 倍）
DZ5-20/310			3		0.20（0.15～0.20）	
DZ5-20/220	直流 220	20	2	电磁脱扣	0.30（0.20～0.30） 0.45（0.30～0.45） 0.65（0.45～0.65） 1.00（0.65～1.00） 1.50（1.00～1.50） 2.00（1.50～2.00） 3.00（2.00～3.00） 4.50（3.00～4.50） 6.50（4.50～6.50） 10.00（6.50～10.00） 15.00（10.00～15.00） 20.00（15.00～20.00）	为热脱扣器额定电流的 8～12 倍（出厂时整定在 10 倍）

（2）低压断路器的选用。低压断路器的选用主要考虑额定电压、壳架等级额定电流和断路器额定电流 3 项参数，其他参数只在有特殊要求时才考虑。

① 低压断路器的额定电压。断路器的额定电压应不小于被保护电路的额定电压。断路器欠电压脱扣器额定电压等于被保护电路的额定电压；断路器分励脱扣器额定电压等于控制电源的额定电压。

② 低压断路器的壳架等级额定电流。低压断路器的壳架等级额定电流应不小于被保护电路的计算负载电流。

③ 低压断路器整定电流。低压断路器整定电流不小于被保护电路的计算负载电流。断路器用于保护电动机时，断路器的长延时电流整定值等于电动机额定电流；断路器用于保护三相笼型异步电动机时，其瞬时整定电流等于电动机额定电流的 8～15 倍，倍数与电动机的型号、容量和启动方法有关；断路器用于保护三相绕线式异步电动机时，其瞬时整定电流等于电动机额定电流的 3～6 倍。

④ 断路器用于保护和控制频繁启动电动机时，还应考虑断路器的操作条件和使用寿命。

● **做一做 识别与检测低压断路器**

请对照表 1.16 低压断路器的识别与检测方法，识别 DW5 系列低压断路器的型号、接线柱，检测低压断路器的质量，完成表 1.17。

表 1.16　　　　　　　　　　　　低压断路器的识别与检测方法

序　号	任　务	操 作 要 点
1	识读型号	低压断路器的型号标注在低压断路器的表面
2	识别接线柱	上接线柱为进线端子，下接线柱为出线端子
3	检测低压断路器好坏	将万用表置于 R×1Ω 挡，欧姆调零后，将两表笔分别搭接在低压断路器的进、出线端子上，合上低压断路器时，阻值为 0；断开低压断路器时，阻值为∞

表 1.17　　　　　　　　　　　　低压断路器的识别与检测操作记录

序　号	任　务	操 作 记 录
1	识读型号	低压断路器的型号为_____
2	识别接线柱	上接线柱为_____端子，下接线柱为_____端子
3	检测低压断路器好坏	将万用表置于_____挡。经检测，合上低压断路器时，低压断路器的进、出线端子之间的阻值为_____，低压断路器_____（正常或断路）

任务评议

请将"低压断路器识别与检测"实训评分填入"元器件识别与检测实训评分表"。

任务拓展

● 拓展 1　漏电保护器

漏电保护器又称触电保安器或漏电开关，常用型号有 DZ15L、DZL 系列等，其实物图如图 1.13 所示。漏电保护器是用来防止人身触电和设备事故的主要技术装置。在连接电源与电气设备的线路中，当线路或电气设备对地产生的漏电电流到达一定数值时，通过保护器内的互感器捡取漏电信号并经过放大去驱动开关而达到断开电源的目的，从而避免人身触电伤亡和设备损坏事故的发生。

● 拓展 2　DZ47 系列断路器

图 1.14 所示是常用的 DZ47 系列高分断小型断路器，它具有结构先进、性能可靠、分断能力高、外形美观小巧等特点，其壳体和三部件采用耐冲击、高阻燃材料构成，主要适用于交流 50Hz、额定工作电压为 240V/415V 及以下、额定电流至 60A 的电路中，主要用于办公楼、住宅等现代建筑物的电气线路及设备的过载、短路保护，也可用于线路的不频繁操作及隔离。

图 1.13　漏电保护器　　　　　　　　　　　　图 1.14　DZ47 系列断路器

- **拓展 3 低压断路器的安装**

（1）低压断路器应垂直于配电板安装，电源引线应接到上端，负载引线接到下端。

（2）低压断路器用作电源总开关或电动机的控制开关时，在电源进线侧必须加装刀开关或组合开关等，以形成明显的断开点。

（3）板前接线的低压断路器允许安装在金属支架上或金属底板上，但板后接线的低压断路器必须安装在绝缘底板上。

任务四　交流接触器识别与检测

任务描述

- **任务内容**

识别交流接触器的接线柱，检测交流接触器的质量。

- **任务目标**

◎ 能说明交流接触器的主要用途，认识交流接触器的外形、符号和常用型号。

◎ 会查找交流接触器的主要技术参数，会按要求正确选择交流接触器。

◎ 会识别交流接触器的接线柱，检测交流接触器的质量。

任务操作

- **读一读　阅读交流接触器的使用说明**

（1）交流接触器用途和符号。接触器是一种自动的电磁式开关，是自动控制系统和电力拖动系统中应用广泛的一种低压控制电器。它依靠电磁力的作用使触点闭合或分离来接通或分断交直流主电路和大容量控制电路，并能实现远距离自动控制和频繁操作，具有欠压保护和零压保护功能，其控制对象主要是电动机，也可用于控制其他负载，如电热设备、电焊机以及电容器组等。接触器具有通断电流能力强、动作迅速、操作安全、频繁操作和远距离控制和使用寿命长等优点，但不能切断短路电流，因此它通常与低压断路器配合使用。

常用的交流接触器有 CJ0、CJT1、CJ10、CJ12 和 CJ20 等系列的产品，近年来还生产了由晶闸管组成的无触点接触器，主要用于冶金和化工行业。CJ20 系列交流接触器的外形及符号如图 1.15 所示。

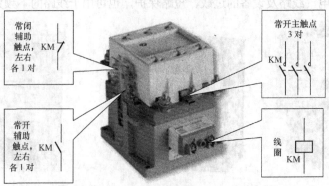

图 1.15　CJ20 系列交流接触器的外形及符号

交流接触器的结构如图 1.16 所示，交流接触器主要由电磁系统、触点系统、灭弧装置及辅助部件等组成。

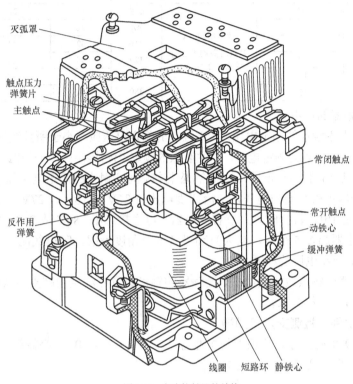

图 1.16　交流接触器的结构

（2）交流接触器的型号。交流接触器的型号及意义如图 1.17 所示。

图 1.17　交流接触器的型号及意义

● **选一选　选择交流接触器的规格**

（1）交流接触器的主要技术参数。交流接触器主要技术参数有额定电压、额定电流和线圈额定电压。

①额定电压。交流接触器的额定电压是主触点长期正常工作所能承受的最大电压。根据我国电压标准，接触器的额定电压为交流 380V、660V 等。

②额定电流。交流接触器的额定电流是接触器在额定工作条件下允许长期通过的最大电流。我国目前生产的接触器额定电流一般不大于 630A。

③线圈额定电压。交流接触器的线圈额定电压是交流接触器线圈长期正常工作所能承受的最大电压。

常用的 CJT1 系列交流接触器的主要技术参数见表 1.18。

表 1.18　　　　　　　　　　　　常用交流接触器的主要技术参数

型号	主触点（额定电压 380V）		辅助触点（额定电压 380V）	线圈		可控制电动机最大容量值/kW	
	对数	额定电流/A		电压/V	功率/VA	220V	380V
CJT1-10		10		可为	11	2.2	4
CJT1-20		20		36	22	5.8	10
CJT1-40		40	额定电流 5A	110	32	11	20
CJT1-60	3	60	触点对数均为 2 对	127	95	17	30
CJT1-100		100	常开、2 对常闭	220	105	28	50
CJT1-150		150		380	110	43	75

（2）交流接触器的选用。

① 选择接触器主触点的额定电压，其主触点的额定电压应不小于所控制线路的额定电压。

② 选择接触器主触点的额定电流，其主触点的额定电流应不小于负载电路的额定电流。接触器若使用在频繁启动、制动及正反转的场合，应将接触器主触点的额定电流降低一个等级使用。

③ 选择接触器吸引线圈的电压，交流线圈电压有 36V、110V、127V、220V、380V。当控制线路简单，使用电器较少时，为节省变压器，可直接选用 380V 或 220V 的交流电压；当线路复杂，使用电器超过 5 个时，从人身和设备安全角度考虑，吸引线圈电压要选低一些，可用 36V 或 110V 交流电压的线圈。

④ 选择接触器的触点数量及类型，接触器的触点数量应满足控制支路数的要求，触点类型应满足控制线路的动作要求。

● 做一做　识别与检测交流接触器

请对照表 1.19 交流接触器的识别与检测方法，识别 CJT1-10 型交流接触器的型号、接线柱，检测交流接触器的质量，完成表 1.20。

表 1.19　　　　　　　　　　　　CJT1-10 型交流接触器的识别与检测方法

序号	任　务	操　作　要　点
1	识读交流接触器型号	交流接触器的型号标注在窗口侧的下方（铭牌）
2	识别交流接触器线圈的额定电压	从交流接触器的窗口向里看（同一型号的接触器线圈有不同的电压等级）
3	找到线圈的接线端子	在接触器的下半部分，编号为 A1—A2，标注在接线端子旁
4	找到 3 对主触点的接线端子	在接触器的上半部分，编号为 1/L1—2/T1、3/L2—4/T2、5/L3—6/T3，标注在对应接线端子的顶部
5	找到 2 对辅助常开点的接线端子	在接触器的上半部分，编号为 22—24、43—44，标注在对应接线端子的外侧
6	找到 2 对辅助常闭点的接线端子	在接触器的顶部，编号为 11—12、31—32，标注在对应接线端子的顶部
7	压下接触器，观察触点吸合情况	边压边看，常闭触点先断开，常开触点后闭合
8	释放接触器，观察触点复位情况	边放边看，常开触点先复位，常闭触点后复位
9	检测 2 对常闭触点好坏	将万用表置于 R×1Ω 挡，欧姆调零后，将两表笔分别搭接在常闭触点两端。常态时，各常闭触点的阻值约为 0；压下接触器后，再测量阻值，阻值为 ∞
10	检测 5 对常开触点好坏	将万用表置于 R×1Ω 挡，欧姆调零后，将两表笔分别搭接在常开触点两端。常态时，各常开触点的阻值约为 ∞；压下接触器后，再测量阻值，阻值为 0
11	检测接触器线圈好坏	将万用表置于 R×100Ω 挡，欧姆调零后，将两表笔分别搭接在线圈两端，线圈的直流电阻阻值约为 1 800Ω
12	测量各触点接线端子之间的绝缘电阻阻值	将万用表置于 R×10kΩ 挡，欧姆调零后，各触点接线端子之间的绝缘电阻阻值为 ∞

表 1.20　　　　　　　　　　交流接触器识别与检测操作记录

序号	任　务	操作记录
1	识读交流接触器型号	交流接触器的型号为_____
2	识别交流接触器线圈的额定电压	交流接触器线圈的额定电压为_____
3	找到线圈的接线端子	交流接触器线圈接线端子编号为_____
4	找到 3 对主触点的接线端子	交流接触器主触点的接线端子编号为_____
5	找到 2 对辅助常开触点的接线端子	交流接触器辅助常开触点的接线端子编号为_____
6	找到 2 对辅助常闭触点的接线端子	交流接触器辅助常闭触点的接线端子编号为_____
7	压下接触器，观察触点吸合情况	边压看看，_____先断开，_____后闭合
8	释放接触器，观察触点复位情况	边放边看，_____先复位，_____后复位
9	检测判别 2 对常闭触点的好坏	将万用表置于_____挡。经检测，常态时，常闭触点的阻值约为_____；压下接触器后，阻值为_____，常闭触点质量_____（合格或不合格）
10	检测判别 5 对常开触点的好坏	将万用表置于_____挡。经检测，常态时，常开触点的阻值约为_____；压下接触器后，阻值为_____，常开触点质量_____（合格或不合格）
11	检测判别接触器线圈的好坏	将万用表置于_____挡。经检测，线圈的直流电阻阻值约为_____，质量_____（合格或不合格）
12	测量各触点接线端子之间的绝缘电阻阻值	将万用表置于_____挡。经检测，各触点接线端子之间的绝缘电阻阻值为_____，各触点接线端子之间绝缘性能_____（良好或不好）

任务评议

请将"交流接触器识别与检测"实训评分填入"元器件识别与检测实训评分表"。

任务拓展

● **拓展 1　直流接触器**

直流接触器常用于远距离接通和分断额定电压 440V、额定电流 1 600A 以下的直流电力线路，并适用于直流电动机的频繁启动、停止、反转或反接制动。常用型号有 CZ0 系列和 CZ18 系列，如图 1.18 所示。直流接触器主要由电磁系统、触点系统、灭弧装置 3 大部分组成，其工作原理和符号与交流接触器相同。

　　　　（a）CZ0 系列　　　　　　　　（b）CZ18 系列

图 1.18　直流接触器

● **拓展 2　新型交流接触器**

（1）B 系列接触器。图 1.19 所示的 B 系列接触器是从德国引进的新型接触器，适用于交流 50Hz 或 60Hz、额定电压至 660V、额定电流至 460A 的电力线路中，供远距离接通和分断电路、频繁启动和控制交流电动机之用，具有失压保护作用。它常与 T 系列热继电器组成电磁启动器，此时具有过载及断相保护作用。

（2）3TB 系列接触器。图 1.20 所示的 3TB 系列接触器是从德国引进的新型接触器，主要适用于交流 50Hz 或 60Hz、额定电压至 660V 的电路中，供远距离接通和分断电路及频繁启动和控制交流电动机，并可与热继电器组成电磁启动器，以保护可能发生过负荷的电路。

图 1.19　B 系列接触器　　　　图 1.20　3TB 系列接触器

- **拓展 3　交流接触器的安装**

（1）安装前检查接触器铭牌与线圈的技术参数是否符合实际使用要求；检查接触器外观，应无机械损伤；用手推动接触器可动部分时，接触器应动作灵活；灭弧罩应完整无损，固定牢固；测量接触器的线圈电阻和绝缘电阻等。

（2）接触器一般应安装在垂直面上，倾斜度应小于 5°；安装和接线时，注意不要将零件失落或掉入接触器内部，安装孔的螺钉应装有弹簧垫圈和平垫圈，并拧紧螺钉以防振动松脱。

（3）安装完毕，检查接线正确无误后，在主触点不带电的情况下操作几次，然后测量产品的动作值和释放值，所测得数值应符合产品的规定要求。

（4）对有灭弧室的接触器，应先将灭弧罩拆下，待安装固定好后再将灭弧罩装上。拆装时注意不要损坏灭弧罩，带灭弧罩的交流接触器绝不允许不带灭弧罩或带破损的灭弧罩运行。

（5）接触器触点表面应经常保持清洁，不允许涂油。当触点表面因电弧作用形成金属小珠时，应及时铲除。但银合金表面产生的氧化膜，由于接触电阻很小，不必铲修，否则会缩短触点寿命。

任务五　按钮识别与检测

任务描述

- **任务内容**

识别按钮的接线柱，检测按钮的质量。

● 任务目标

◎ 能说明按钮的主要用途，认识按钮的外形、符号和常用型号。

◎ 会查找按钮的主要技术参数，会按要求正确选择按钮。

◎ 会识别按钮的接线柱，检测按钮的质量。

任务操作

● 读一读　阅读按钮的使用说明

（1）按钮用途和符号。按钮是一种用来短时间接通或断开电路的手动主令电器。由于按钮的触点允许通过的电流较小，一般不超过 5A，因此一般情况下，它不是直接控制主电路的通断，而是在控制电路中发出指令或信号去控制接触器、继电器等电器，再由它们去控制主电路的通断、功能转换或电气联锁。

 主令电器是用来接通和分断控制电路，以"命令"电动机及其他控制对象的启动、停止或工作状态变换的一类电器。主令电器的种类有按钮、行程开关以及各种照明开关等。

按钮的种类很多。根据触点结构不同，按钮可分为常闭按钮（停止按钮）、常开按钮（启动按钮）和复合按钮（常闭、常开按钮组合为一体的按钮）。复合按钮在按下按钮帽时，首先断开常闭触点，再接通常开触点；松开按钮帽时，复位弹簧先使常开触点分断，再使常闭触点闭合。按钮的结构和符号见表 1.21。

表 1.21　　　　　　　　　　　　　按钮的结构与符号

名　　　称	常 闭 按 钮	常 开 按 钮	复 合 按 钮
结构			按钮帽 复位弹簧 支柱连杆 常闭静触点 桥式动触点 常开静触点 外壳
符号	E-/SB	E-|SB	E-/|SB

（2）按钮的型号。按钮的型号及意义如图 1.21 所示。常用按钮的型号有 LA4、LA10、LA18、LA19、LA25 等系列，其外形如图 1.22 所示。

图 1.21　按钮的型号及意义

图 1.22 常用按钮的外形

- **选一选　选择按钮的规格**

（1）按钮的主要技术参数。

常用按钮的主要技术参数见表 1.22。

表 1.22　　　　　　　　　　　　　常用按钮的主要技术参数

型号	额定电压/V	额定电流/A	结构形式	触点对数		按钮数	按钮颜色
				常开	常闭		
LA2			元件	1	1	1	黑、绿、红
LA10-2K			开启式	2	2	2	黑红或绿红
LA10-3K			开启式	3	3	3	黑、绿、红
LA10-2H			保护式	2	2	2	黑红或绿红
LA10-3H			保护式	3	3	3	黑、绿、红
LA18-22J	交流			元件（紧急式）	2	2	1	红
LA18-44J	500		元件（紧急式）	4	4	1	红
LA18-66J		5	元件（紧急式）	6	6	1	红
LA18-22Y	直流		元件（钥匙式）	2	2	1	黑
LA18-44Y	440		元件（钥匙式）	4	4	1	黑
LA18-22X			元件（旋钮式）	2	2	1	黑
LA18-44X			元件（旋钮式）	4	4	1	黑
LA18-66X			元件（旋钮式）	6	6	1	黑
LA19-11J			元件（紧急式）	1	1	1	红
LA19-11D			元件（带指示灯）	1	1	1	红、绿、黄、蓝、白

（2）按钮的选用。

① 根据使用场合选择控制按钮的种类。

② 根据用途选择合适的形式。

③ 根据控制回路的需要确定按钮数。

④ 按工作状态指示和工作情况要求选择按钮和指示灯的颜色。

- **做一做　识别与检测按钮**

请对照表 1.23 按钮的识别与检测方法，识别 LA4-3H 按钮的型号、接线柱，检测按钮的质量，完成表 1.24。

表 1.23　　　　　　　　　　　　　按钮的识别与检测方法

序号	任　务	操　作　要　点
1	看按钮的颜色	绿色、黑色为启动按钮，红色为停止按钮
2	观察按钮的常闭触点	先找到对角线上的接线端子，动触点与静触点处于闭合状态
3	观察按钮的常开触点	先找到对角线上的接线端子，动触点与静触点处于分断状态
4	按下按钮，观察触点动作情况	边按边看，常闭触点先断开，常开触点后闭合
5	松开按钮，观察触点动作情况	边松边看，常开触点先复位，常闭触点后复位
6	检测判别 3 个常闭触点的好坏	将万用表置于 R×1Ω 挡，欧姆调零后，将两表笔分别搭接在常闭触点两端。常态时，各常闭触点的阻值为 0；按下按钮后，再测量阻值，阻值为 ∞
7	检测判别 3 个常开触点的好坏	将万用表置于 R×1Ω 挡，欧姆调零后，将两表笔分别搭接在常开触点两端。常态时，各常开触点的阻值约为 ∞；按下按钮后，再测量阻值，阻值为 0

表 1.24　　　　　　　　　　　　　　　按钮的识别与检测记录

序号	任　　务	操　作　记　录
1	看按钮的颜色	绿色、黑色为_____按钮，红色为_____按钮
2	观察按钮的常闭触点	先找到对角线上的接线端子，动触点与静触点处于_____状态
3	观察按钮的常开触点	先找到对角线上的接线端子，动触点与静触点处于_____状态
4	按下按钮，观察触点动作情况	边按边看，_____触点先断开，_____触点后闭合
5	松开按钮，观察触点动作情况	边松边看，_____触点先复位，_____触点后复位
6	检测判别 3 个常闭触点的好坏	将万用表置于_____挡。经检测，常态时，各常闭触点两端的阻值约为____；按下按钮后，再测量阻值，阻值为_____，常闭触点质量_____（合格或不合格）
7	检测判别 3 个常开触点的好坏	将万用表置于_____挡。经检测，常态时，各常开触点两端的阻值约为____；按下按钮后，再测量阻值，阻值为_____，常开触点质量_____（合格或不合格）

任务评议

请将"按钮识别与检测"实训评分填入"元器件识别与检测实训评分表"。

任务拓展

● 拓展 1　按钮和指示灯颜色的含义

为了便于识别各种按钮的作用，避免误操作，通常用不同的颜色和符号标志来区分按钮的作用。按钮颜色的含义见表 1.25。

表 1.25　　　　　　　　　　　　　　　按钮颜色的含义

颜色	含　　义	典 型 应 用
红	危险情况下的操作	紧急停止
	停止或分断	全部停机。停止一台或多台电动机，停止一台机器某一部分，使电器元件失电。有停止功能的复位按钮
黄	应急或干预	应急操作，抑制不正常情况或中断不理想的工作周期
绿	启动或接通	启动。启动一台或多台电动机，启动一台机器的一部分，使某电器元件得电
蓝	上述几种颜色即红、黄、绿色未包括的任意一种功能	
白	无专门指定功能	可用于"停止"和"分断"以外的任何情况
灰		
黑		

● 拓展 2　按钮的安装

（1）按钮安装在面板上时，应布置整齐，排列合理，如根据电动机启动的先后顺序，从上到下或从左到右排列。

（2）同一机床运动部件有几种不同的工作状态时（如上、下、前、后、松、紧等），应使每一对相反状态的按钮安装在一组。

（3）按钮的安装应牢固，安装按钮的金属板或金属按钮盒必须可靠接地。

（4）由于按钮的触点间距较小，如有油污等极易发生短路故障，因此应注意保持触点间的清洁。

任务六　三相笼型异步电动机点动控制线路安装与调试

任务描述

- **任务内容**

安装三相笼型异步电动机点动控制线路，并通电调试。

- **任务目标**

◎能说出三相笼型异步电动机点动控制线路的操作过程和工作原理。

◎能列出三相笼型异步电动机点动控制线路的元器件清单。

◎会安装和调试三相笼型异步电动机点动控制线路。

任务操作

- **读一读　识读电气控制原理图**

（1）电路的基本组成。三相笼型异步电动机点动控制线路如图 1.23 所示，它由电源电路、主电路和控制电路 3 部分组成：三相交流电源 L1、L2、L3 与电源开关 QS 组成电源电路，主电路在电源开关 QS 的出线端按相序依次编号为 U11、V11、W11，然后按从上到下、从左到右的顺序递增；控制电路的编号按"等电位"原则从上到下、从左到右的顺序依次从 1 开始递增编号。点动控制线路元件明细见表 1.26。

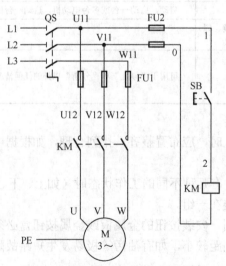

图 1.23　三相笼型异步电动机点动控制线路

表 1.26　　　　　　　　　　　　　　**点动控制线路元件明细表**

序　号	电　路	元件符号	元件名称	功　能
1	电源电路	QS	电源开关	电源引入
2		FU1	主电路熔断器	主电路短路保护
3	主电路	KM	交流接触器主触点	控制电动机的运行与停车
4		M	三相笼型异步电动机	生产机械动力
5		FU2	控制电路熔断器	控制电路短路保护
6	控制电路	SB	按钮	启动与停车
7		KM	交流接触器线圈	控制 KM 的吸合与释放

（2）操作过程和工作原理。三相笼型异步电动机点动控制线路的操作过程和工作原理如下。
合上电源开关 QS。

① 启动。

按下按钮 SB ➔ 接触器 KM 线圈通电吸合 ➔ 接触器主触点 KM 闭合 ➔ 电动机 M 启动运行

② 停车。

松开按钮 SB ➔ 接触器 KM 线圈断电释放 ➔ 接触器主触点 KM 断开 ➔ 电动机 M 断电停车

电动机 M 停车后，断开电源开关 QS。

　　　实现点动控制可以将点动按钮直接与接触器的线圈串联，电动机的运行时间由按钮按下的时间决定。

● **列一列　列出元器件清单**

请根据学校实际，将安装三相笼型异步电动机点动控制线路所需的元器件及导线的型号、规格和数量填入表 1.27 中，并检测元器件的质量。

表 1.27　　　　　　　　　　　　　　**点动控制线路元器件及导线清单**

序　号	名　称	符　号	规　格	型　号	数　量	备　注
1	三相笼型异步电动机	M				
2	组合开关	QS				
3	按钮	SB				
4	主电路熔断器	FU1				
5	控制电路熔断器	FU2				
6	交流接触器	KM				
7	接线端子					
8	主电路导线					
9	控制电路导线					
10	按钮导线					
11	接地导线					

● **做一做　安装线路**

（1）固定元器件。将元器件固定在控制板上。要求元器件安装牢固，并符合工艺要求。点动控制线路元器件布置参考图如图 1.24 所示，按钮 SB 可安装在控制板外。

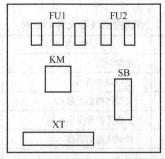

图 1.24　点动控制线路元器件布置参考图

（2）安装控制电路。根据电动机容量选择控制电路导线。点动控制线路控制电路接线参考图如图 1.25（a）所示，按接线图进行布线和套号码套管。

（3）安装主电路。根据电动机容量选择主电路导线。点动控制线路主电路接线参考图如图 1.25（b）所示，按接线图进行布线和套号码套管。

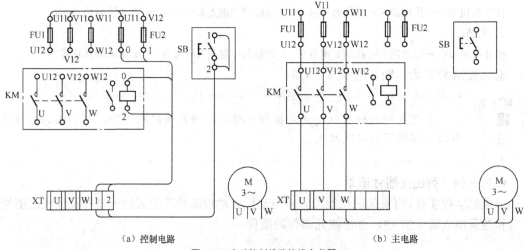

（a）控制电路　　　　　　　　　　　　（b）主电路

图 1.25　点动控制线路接线参考图

● **测一测　检测线路**

（1）接线检查。按电路图或接线图从电源端开始，逐段核对接线有无漏接、错接之处，检查导线接点是否符合要求，压接是否牢固，以免带负载运行时产生闪弧现象。

（2）万用表检测。用万用表电阻挡检查接线情况。检查时，应选用倍率适当的电阻挡，并欧姆调零。

① 控制电路接线检查。断开主电路，将万用表表笔分别搭在 U11、V11 线端上，万用表读数应为"∞"。按下点动按钮 SB 时，万用表读数应为接触器线圈的直流电阻值（如 CJT1-10 线圈的直流电阻值约为 1 800Ω）；松开 SB，万用表读数应为"∞"。

② 主电路接线检查。断开控制电路，压下接触器触点架，用万用表依次检查 U、V、W 三相接线有无开路或短路现象。

● **试一试　通电试车**

为确保人身安全，在通电试车时，要认真执行安全操作规程的有关规定，经教师检查并现场监护。

（1）接通三相电源 L1、L2、L3，合上电源开关 QS，用电笔检查熔断器出线端，氖管亮说明电源接通。

（2）按下启动按钮 SB，接触器 KM 应通电吸合，电动机启动运行。若有异常，立即停车检查。

（3）松开启动按钮 SB，接触器 KM 应断电释放，电动机惯性停车。若有异常，立即断电检查。

（4）断开电源开关 QS，拔下电源插头。

任务评议

请将"三相笼型异步电动机点动控制线路安装与调试"实训评分填入"电动机电气控制线路安装与调试实训评分表"。

任务拓展

- **拓展 1 电气控制线路安装步骤**

（1）识读原理图。明确电路所用电器元件名称及其作用，熟悉线路的操作过程和工作原理。

（2）配齐元器件。列出元器件清单，配齐电器元件，并逐一进行质量检测。

（3）安装线路。将电器元件安装在控制板上，根据电动机容量选配符合规格的导线，分别连接控制电路和主电路。

（4）连接导线。连接电动机和所有电器元件金属外壳的保护接地线，连接电源、电动机及控制板外部的导线。

（5）检测线路。检查主电路接线是否正确；用万用表电阻挡检查控制电路接线是否正确，防止因接线错误造成不正常运行或短路事故。

（6）通电试车。为确保人身安全，必须在教师监护下通电试车。

- **拓展 2 板前明线布线安装工艺**

（1）布线通道尽可能少，同路并行导线按主电路、控制电路分类集中，单层密排。

（2）布线尽可能紧贴安装面布线，相邻电器元件之间也可"空中走线"。

（3）安装导线尽可能靠近元器件走线。

（4）布线要求横平竖直，分布均匀，自由成形。

（5）同一平面的导线应高低一致或前后一致，尽量避免交叉。

（6）变换走向时应垂直成90°。

（7）按钮连接线必须用软线，与配电板上的元器件连接时必须通过接线端子，并编号。

综 合 练 习

一、填空题

1. 熔断器的主体是用＿＿＿＿＿＿＿的金属丝或金属薄片制成的熔体，＿＿＿＿＿＿＿在被保护电路中。

2. 组合开关常用于交流＿＿＿＿＿＿、直流＿＿＿＿＿＿的电气线路中，供手动不频繁地接通或断开电路，换接电源和负载以及控制_____小容量异步电动机的启动、停止和正反转。

3. 低压断路器又叫_____或自动空气断路器，是低压配电网络和电力拖动系统中常用的配电电器，它集_____和多种_____功能于一体。

4. 接触器是一种_____的电磁式开关，适用于远距离频繁地_____交直流主电路及大容量控制电路。其控制对象主要是_____，也可用于控制其他负载，如电热设备等。

5. 按钮是一种用来短时间_____电路的手动主令电器。由于按钮的触点允许通过的电流较小，一般不超过_____。

6. 实现点动控制可以将点动按钮直接与_____串联，电动机的运行时间由按钮按下的时间决定。

二、选择题

1. 文字符号 FU 表示的低压电器是_____。　　　　　　　　　　　　（　　）

A. 低压断路器　　　　　　B. 刀开关　　　　　　C. 熔断器　　　　　　D. 热继电器

2. 下列电器中，不可能具有短路保护作用的低压电器是_____。　　　　（　　）

A. 熔断器　　　　　　　　B. 负荷开关　　　　　C. 组合开关　　　D. 低压断路器

3. 低压断路器的电磁脱扣器承担的保护作用是_____。　　　　　　　（　　）

A. 短路保护　　　　　　　B. 过载保护　　　　　C. 欠压保护　　　D. 失压保护

4. 需要频繁启动电动机时，应选用的控制电器是_____。　　　　　　（　　）

A. 闸刀开关　　　　　　　B. 负荷开关　　　　　C. 低压断路器　　D. 接触器

5. 下列型号中，属于按钮的是_____。　　　　　　　　　　　　　　（　　）

A. JR16　　　　　　　　　B. CJ10　　　　　　　C. LA19　　　　　D. LX19

6. 当需要电动机作短时断续工作时，只要按下按钮电动机就转动，松开按钮电动机就停车，这种控制是_____。　　　　　　　　　　　　　　　　　　　　　　（　　）

A. 点动控制　　　　　　　　B. 连续控制　　　　　C. 行程控制　　　D. 顺序控制

三、判断题

1. 低压熔断器是低压供配电系统和控制系统中最常用的安全保护电器，只能用作短路保护，不能用于过载保护。　　　　　　　　　　　　　　　　　　　　　　　　（　　）

2. 组合开关也称转换开关，常用于机床电气控制线路中作为电源引入开关。（　　）

3. 低压断路器用作电源总开关或电动机的控制开关时，在断路器的电源进线侧必须加装隔离开关、刀开关或熔断器，作为明显的断开点。

4. 安装接触器时，其底面应与地面垂直，倾斜度应小于 6°，否则会影响接触器的工作特性。　　　　　　　　　　　　　　　　　　　　　　　　　　　　　　　（　　）

5. 为应对紧急情况，当按钮板上安装的按钮较多时，应用黑色蘑菇头按钮作总停按钮，且应安装在显眼而容易操作的地方。　　　　　　　　　　　　　　　　　　　（　　）

6. 工厂中使用的电动葫芦和机床快速移动装置常采用连续控制线路。　　（　　）

四、综合题

1. 画出三相笼型异步电动机点动控制线路图，说明其操作过程和工作原理。

2. 某电力拖动控制系统中有一台型号为 Y132M-4 三相异步电动机，点动控制，选择低压断路器作电源开关，选择熔断器作短路保护。已知电动机的额定功率为 5.5kW，额定电压为 380V，额定电流为 11.2A，启动电流为额定电流的 6 倍。选择所需低压电器的型号和规格。

项目二 三相笼型异步电动机连续控制线路安装与调试

在电力拖动控制技术中，三相笼型异步电动机往往需要连续控制，以保证电动机能连续运转，如 CA6140 型普通车床的主轴电动机等常采用连续控制。连续控制是指当电动机启动后，再松开启动按钮，控制电路仍保持接通，电动机仍继续运转。连续控制也称自锁。那么，三相笼型异步电动机连续控制线路是如何安装与调试的呢？

任务一 热继电器识别与检测

任务描述

● 任务内容
识别热继电器的接线柱，检测热继电器的质量。

● 任务目标
◎能说明热继电器的主要用途，认识热继电器的外形、符号和常用型号。
◎会查找热继电器的主要技术参数，会按要求正确选择热继电器。
◎会识别热继电器的接线柱，检测热继电器的质量。

任务操作

● **读一读 阅读热继电器的使用说明**

（1）热继电器用途和符号。热继电器是利用电流的热效应来推动机构使触点闭合或断开的保护电器。它主要用于电动机的过载保护、断相保护、电流的不平衡运行保护及其他电气设备发热状态的控制。它的热元件串联在电动机或其他用电设备的主电路中，常闭触点串联在被保护的二次电路中，其符号如图2.1所示。

> **提示**
>
> 继电器是一种根据外界的电气量（电压、电流等）或非电气量（热、时间、转速、压力等）的变化来接通或断开控制电路的自动电器，主要用于控制、线路保护或信号转换。

（2）热继电器的型号。热继电器的型号及意义如图2.2所示。热继电器的主要产品型号有JR20、JR36、JRS1等系列，如图2.3所示。

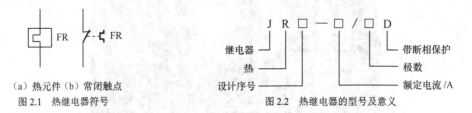

（a）热元件（b）常闭触点

图2.1 热继电器符号

图2.2 热继电器的型号及意义

热继电器常见结构如图2.4所示。热继电器由热元件、双金属片、动作机构、触点系统、电流整定调整装置、复位机构和温度补偿元件等组成。一旦电路过载，有较大电流通过热元件时，热元件变形向上弯曲，使扣板在弹簧拉力作用下带动绝缘牵引极，分断接入控制电路中的常闭触点，切断主电路，起过载保护作用。

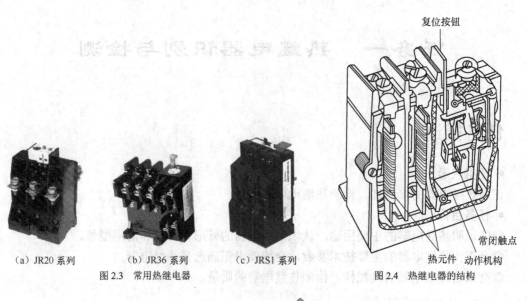

（a）JR20系列 （b）JR36系列 （c）JRS1系列

图2.3 常用热继电器

图2.4 热继电器的结构

● **选一选　选择热继电器的规格**

（1）热继电器的主要技术参数。热继电器的主要技术参数有额定电压、额定电流、热元件额定电流和整定电流。

① 额定电压。热继电器的额定电压是热继电器触点长期正常工作所能承受的最大电压。

② 额定电流。热继电器的额定电流是热继电器允许装入热元件的最大额定电流。

③ 热元件额定电流。热继电器热元件额定电流是热继电器热元件允许长期通过的最大电流。

④ 整定电流。热继电器整定电流是长期通过热元件而热继电器不动作的最大电流。

常用热继电器的主要技术参数见表 2.1。

表 2.1　　　　　　　　　　常用热继电器的主要技术参数

型　　号	额定电流/A	热元件等级	
		额定电流/A	整定电流调节范围/A
JR16B-20/3 JR16B-20/3D JR36-20/3	20	0.35	0.25～0.35
		0.50	0.32～0.50
		0.72	0.45～0.72
		1.10	0.68～1.10
		1.60	1.00～1.60
		2.40	1.50～2.40
		3.50	2.20～3.50
		5.00	3.20～5.00
		7.20	4.50～7.20
		11.00	6.80～11.00
		16.00	10.0～16.0
		22.00	14.0～22.0

（2）热继电器的选用。热继电器的选用主要根据所保护电动机的额定电流确定热继电器的规格和热元件的电流等级。

① 根据电动机的额定电流选择热继电器的规格。一般应使热继电器的额定电流略大于电动机的额定电流。

② 根据需要的整定电流值选择热元件的编号和电流等级。一般情况下，热元件的整定电流为电动机额定电流的 0.95～1.05 倍；但如果电动机拖动的是冲击性负载或启动时间较长及拖动的设备不允许停电的场合，热继电器的整定电流可取电动机额定电流的 1.1～1.5 倍；如果电动机的过载能力较差，热继电器的整定电流可取电动机额定电流的 0.6～0.8 倍。同时，整定电流应留有一定的上下限调整范围。

③ 根据电动机定子绕组的连接方式选择热继电器的结构形式。定子绕组作 Y 连接的电动机选用普通三相结构的热继电器，若定子绕组作△连接的电动机应选用三相结构带断相保护装置的热继电器。

● **做一做　识别与检测热继电器**

JR36 系列热继电器主要适用于交流 50Hz/60Hz、电压至 660V、电流 0.25～160A 的长期工作或间断长期工作的交流电动机的过载与断相保护。请对照表 2.2 所列 JR36 系列热继电器的识别与检测方法，识别 JR36 系列热继电器的型号、接线柱，检测热继电器的质量，完成表 2.3。

表 2.2 　　　　　　　　　　　　　热继电器的识别与检测方法

序号	任　　务	操 作 要 点
1	读热继电器的铭牌	铭牌贴在热继电器的侧面
2	找到整定电流调节旋钮	旋钮上标有整定电流
3	找到复位按钮	位于热继电器后侧上方，标有 REST/STOP
4	找到测试键	位于热继电器前侧下方，标有 TEST
5	找到驱动元件的接线端子	编号与交流接触器相似，1/L1—2/T1，3/L2—4/T2，5/L3—6/T3
6	找到常闭触点的接线端子	编号编在对应的接线端子旁，95—96
7	找到常开触点的接线端子	编号编在对应的接线端子旁，97—98
8	检测判别常闭触点的好坏	用万用表置于 R×1Ω 挡，欧姆调零后，将两表笔分别搭接在常闭触点两端。常态时，各常闭触点的阻值约为 0；动作测试键后，再测量阻值，阻值为 ∞
9	检测判别常开触点的好坏	万用表置于 R×1Ω 挡，欧姆调零后，将两表笔分别搭接在常开触点两端。常态时，各常开触点的阻值约为 ∞；动作测试键后，再测量阻值，阻值为 0

表 2.3 　　　　　　　　　　　　热继电器的识别和检测操作记录

序号	任　　务	操 作 记 录
1	读热继电器的铭牌	热继电器的型号为_____，额定电流为_____
2	找到整定电流调节旋钮	整定电流的调节范围为_____
3	找到复位按钮	复位按钮的标志是_____
4	找到测试键	测试键的标志是_____
5	找到驱动元件的接线端子	驱动元件的接线端子编号为_____
6	找到常闭触点的接线端子	常闭触点的接线端子编号为_____
7	找到常开触点的接线端子	常开触点的接线端子编号为_____
8	检测判别常闭触点的好坏	用万用表置于_____挡。经检测，常态时，常闭触点的阻值约为_____；动作测试键后，阻值为_____，常闭触点质量_____（合格或不合格）
9	检测判别常开触点的好坏	用万用表置于_____挡。经检测，常态时，常开触点的阻值约为_____；动作测试键后，阻值为_____，常开触点质量_____（合格或不合格）

任务评议

请将"热继电器识别与检测"实训评分填入"元器件识别与检测实训评分表"

任务拓展

● 拓展 1　继电器分类

继电器的种类和形式很多，常见继电器的分类如图 2.5 所示。

常用的继电器有热继电器、时间继电器、中间继电器、电流继电器、电压继电器和速度继电器等。

● 拓展 2　热继电器的安装

（1）必须按照产品说明书规定的方式安装，安装处的环境温度应与电动机所处环境温度基本相同。当与其他电器安装在一起时，应注意将热继电器安装在其他电器的下方，以免其动作特性受到其他电器发热的影响。

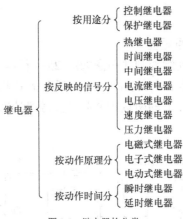

图 2.5　继电器的分类

（2）安装热继电器时，应清除触点表面尘污，以免因接触电阻过大或电路不通而影响热继电器的动作性能。

（3）热继电器出线端的连接导线应按照标准。导线过细，轴向导热性差，热继电器可能提前动作；反之，导线过粗，轴向导热快，继电器可能滞后动作。

（4）热继电器在出厂时均调整为手动复位方式，如果需要自动复位，只要将复位螺钉顺时针方向旋转，并稍微拧紧即可。

（5）热继电器的整定电流必须按电动机的额定电流进行调整，绝对不允许弯折双金属片。

（6）热继电器由于电动机过载后动作，若要再次启动电动机，必须待热元件冷却后，才能使热继电器复位。一般自动复位需要 5min，手动复位需要 2min。

任务二　三相笼型异步电动机连续控制线路安装与调试

任务描述

● 任务内容

安装三相笼型异步电动机连续控制线路，并通电调试。

● 任务目标

◎能说出三相笼型异步电动机连续控制线路的操作过程和工作原理。

◎能列出三相笼型异步电动机连续控制线路的元器件清单。

◎会安装和调试三相笼型异步电动机连续控制线路。

任务操作

● 读一读　识读电气控制原理图

（1）三相笼型异步电动机连续控制线路图如图 2.6 所示。与点动控制电路比较，连续控制线路在主电路中串联了热继电器的热元件，在控制电路中串联了停止按钮 SB2 和热继电器常闭触点 FR，而在启动按钮 SB1 的两端则并联了接触器的辅助常开触点 KM。连续控制线路元件明细见表 2.4。

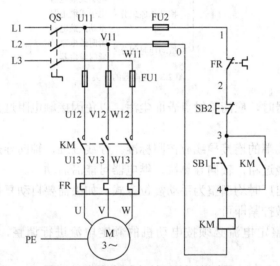

图 2.6　三相笼型异步电动机连续控制线路图

表 2.4　　　　　　　　　　　　　　连续控制线路元件明细表

序号	电　路	元件符号	元件名称	功　能	备　注
1	电源电路	QS	电源开关	电源引入	
2		FU1	主电路熔断器	主电路短路保护	
3	主电路	KM	交流接触器主触点	控制电动机的运行与停车	
4		FR	热继电器热元件	电动机过载保护	
5		M	三相笼型异步电动机	生产机械动力	
6		FU2	控制电路熔断器	控制电路短路保护	
7		FR	热继电器常闭触点	电动机过载保护	
8	控制电路	SB1	启动按钮	启动	具有欠压和失压保护功能
9		SB2	停止按钮	停车	
10		KM	交流接触器辅助常开触点	自锁	
11		KM	交流接触器线圈	控制 KM 的吸合与释放	

（2）操作过程和工作原理。三相笼型异步电动机连续控制线路的操作过程和工作原理如下。合上电源开关 QS。

① 启动。

按下启动按钮 SB1 → KM 线圈通电 → KM 主触点闭合 / KM 自锁触点闭合 → 电动机 M 通电连续运行

在松开启动按钮 SB1 的瞬间，KM 辅助常开触点还处于闭合状态，所以 KM 线圈仍然通电，接触器保持吸合状态，这种辅助常开触点起到的作用称为自锁。这种起自锁作用的辅助常开触点称为自锁触点。

② 停车。

按下停止按钮 SB2 → KM 线圈断电 → KM 主触点断开 / KM 自锁触点断开 → 电动机 M 断电停车

电动机 M 停车后，断开电源开关 QS。

③ 过载保护。

当电动机过载时，

FR 常闭触点断开 → KM 线圈断电 → KM 主触点断开 / KM 自锁触点断开 → 电动机 M 断电停车

熔断器 FU1 作主电路（电动机）的短路保护，熔断器 FU2 作控制电路的短路保护。

实现连续控制可以将启动按钮、停止按钮与接触器的线圈串联，并在启动按钮两端并联接触器的常开辅助触点（自锁触点）。

- **列一列 列出元器件清单**

请根据学校实际，将安装三相笼型异步电动机连续控制线路所需的元器件及导线的型号、规格和数量填入表 2.5 中，并检测元器件的质量。

表 2.5　　　　　　连续控制线路元器件及导线清单

序号	名　称	符号	规格型号	数量	备注
1	三相笼型异步电动机				
2	组合开关				
3	按钮				
4	主电路熔断器				
5	控制电路熔断器				
6	交流接触器				
7	热继电器				
8	接线端子				
9	主电路导线				
10	控制电路导线				
11	按钮导线				
12	接地导线				

● 做一做 安装线路

（1）固定元器件。将元器件固定在控制板上。要求元器件安装牢固，并符合工艺要求。连续控制线路元器件布置参考图如图 2.7 所示，按钮 SB 可安装在控制板外。

（2）安装控制电路。根据电动机容量选择控制电路导线，按电气控制线路图接好控制电路。连续控制线路控制电路接线参考图如图 2.8（a）所示，按接线图进行布线和套号码套管。

（3）安装主电路。根据电动机容量选择主电路导线，按电气控制线路图接好主电路。连续控制线路主电路接线参考图如图 2.8（b）所示，按接线图进行布线和套号码套管。

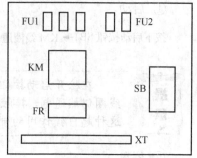

图 2.7 连续控制线路元器件布置参考图

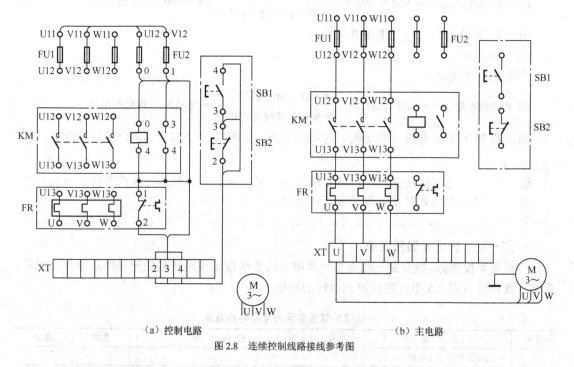

（a）控制电路　　　　　　　　　　　　　　（b）主电路

图 2.8 连续控制线路接线参考图

● 测一测 检测线路

（1）接线检查。按电路图或接线图从电源端开始，逐段核对接线有无漏接、错接之处，检查导线接点是否符合要求，压接是否牢固，以免带负载运行时产生闪弧现象。

（2）万用表检测。用万用表电阻挡检查接线情况。检查时，应选用倍率适当的电阻挡，并欧姆调零。

① 控制电路接线检查。断开主电路，将万用表表笔分别搭在 U11、V11 线端上，万用表读数应为"∞"。

a．启动检查。按下启动按钮 SB1，万用表读数应为接触器线圈的直流电阻值。

b．自锁检查。松开启动按钮 SB1，压下 KM 触点架，使其常开辅助触点闭合，万用表读数应为接触器线圈的直流电阻值。

c. 停车控制检查。按下启动按钮 SB1 或压下 KM 触点架，测得接触器线圈的直流电阻值，同时按下停止按钮 SB2，万用表读数由线圈的直流电阻值变为"∞"。

② 主电路接线检查。断开控制电路，压下接触器 KM1、KM2 触点架，用万用表依次检查 U、V、W 三相接线有无开路或短路现象。

● 试一试　通电试车

为保证人身安全，在通电试车时，要认真执行安全操作规程的有关规定，经教师检查并现场监护。

（1）调整热继电器的整定电流值。

（2）连接三相异步电动机。

（3）连接三相电源。

（4）合上电源开关 QS，用电笔检查熔断器出线端，氖管亮说明电源接通。

（5）按下启动按钮 SB1，观察接触器情况是否正常，是否符合线路功能要求，观察电器元件动作是否灵活，有无卡阻及噪声过大现象，观察电动机运行是否正常。若有异常，立即停车检查。

（6）按下停止按钮 SB2，电动机惯性停车。

任务评议

请将"三相笼型异步电动机连续控制线路安装与调试"实训评分填入"电动机电气控制线路安装与调试实训评分表"。

任务拓展

● 拓展 1　欠压保护与失压保护

欠压是指线路电压低于电动机应加的额定电压。欠压保护是指线路电压下降到某一数值时电动机能自动脱离电源停转，避免电动机在欠电压下运行的一种保护。采用接触器自锁的控制线路具有欠压保护功能。

失压保护，也称零压保护，是指电动机在正常运行中，由于外界某种原因引起突然断电时能自动切断电动机电源；当重新供电时，保证电动机不能自行启动的一种保护。接触器自锁的控制线路也能实现失压保护。

● 拓展 2　故障分析法——电阻分段测量法

电阻分段测量法是切断电源后，用万用表的电阻挡依次逐段测量相邻两标号的电阻，判断控制线路电气故障的方法。

图 2.9 所示是用电阻分段测量法检查和判断电动机连续控制电路的示意图，若故障为"按下启动按钮

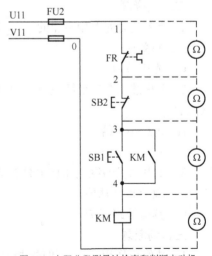

图 2.9　电阻分段测量法检查和判断电动机连续控制电路的示意图

SB1，接触器 KM 不吸合"，检测方法如下。

（1）切断电源，用万用表电阻挡逐一测量"1—2"、"2—3"间的电阻，若阻值为零表示电路正常；若阻值很大表示对应点的导线或热继电器 FR（"1—2"间）、停止按钮 SB2（"2—3"间）可能接触不良或开路。

（2）按下启动按钮 SB1，测量"3—4"间的电阻。若阻值为零，说明电路正常；若阻值很大，表示导线或启动按钮 SB1 接触不良（或开路）。

（3）松开启动按钮 SB1，用螺丝刀按下接触器 KM 的常开触点，测量"3—4"间的电阻。若阻值为零，说明电路正常；若阻值很大，表示连线与接触器 KM 的常开触点接触不良（或开路）。

（4）测量"4—0"间的电阻，若阻值等于线圈的直流电阻，说明电路正常；若阻值为零，说明线圈短路；若阻值超过线圈的直流电阻很多，表示导线与线圈 KM 接触不良（或开路）。

综 合 练 习

一、填空题

1. 热继电器主要用于电动机的_____、_____、电流的不平衡运行保护及其他电气设备发热状态的控制。

2. 当热继电器所保护的电动机绕组是 Y 接法时，可选择_____的热继电器；当电动机绕组是△接法时，必须采用_____的热继电器。

3. 连续控制是指当电动机启动后，再松开启动按钮，控制电路仍保持_____，电动机仍_____工作。连续控制也称_____。

4. 实现连续控制可以将_____、停止按钮与接触器的_____串联，并在启动按钮两端并联_____。

二、选择题

1. 热继电器是利用电流的_____来推动动作机构使触点系统闭合或分断的保护电器。（　　）

A．热效应　　　　　　　　　　　　　B．磁效应
C．光电效应　　　　　　　　　　　　D．霍尔效应

2. 用热继电器对连续运行的电动机实施过载保护，其整定电流一般应调整在电动机额定电流的_____。　　　　　　　　　　　　　　　　　　　　　　　　　　　（　　）

A．0.2～0.3 倍　　　　　　　　　　　B．0.95～1.05 倍
C．1.5～2.5 倍　　　　　　　　　　　D．2～2.6 倍

3. 在电动机的继电器接触器控制电路中，自锁环节的功能是_____。　　（　　）

A．兼有点动功能　　　　　　　　　　B．具有过载保护
C．具有短路保护　　　　　　　　　　D．保证启动后持续运行

三、判断题

1. 热继电器用于电动机的过载保护、短路保护。　　　　　　　　　　　（　　）

2. 热继电器出线端的连接导线应按照标准。导线过细，轴向导热性差，热继电器可能提

前动作；反之，导线过粗，轴向导热快，继电器可能滞后动作。 （ ）

3．工厂中使用的电动葫芦和机床快速移动装置常采用连续控制线路。 （ ）

四、综合题

1．某电力拖动控制系统中有一台型号为 Y132M-4 三相异步电动机，连续控制，选择组合开关作电源开关，选择熔断器作短路保护。已知电动机的额定功率为 5.5kW，额定电压为380V，额定电流为11.2A，启动电流为额定电流的 6 倍。选择所需低压电器的型号和规格。

2．有一台三相笼型异步电动机既能点动又能连续运行，请你设计控制电路实现控制要求。

3．同学小任安装好三相笼型异步电动机连续控制线路后，发现只能点动控制，不能连续控制，请你帮他查出故障原因。

项目三 三相笼型异步电动机正反转控制线路安装与调试

在电力拖动控制技术中，三相笼型异步电动机往往需要正反转控制，以满足控制要求，例如，机床工作台的前进与后退、铣床主轴的正转与反转、起重机的上升与下降等。三相笼型异步电动机正反转控制是指采用某一方式使电动机实现正、反两个方向调换的控制。那么，三相笼型异步电动机正反转控制线路是如何安装与调试的呢？

任务一 三相笼型异步电动机接触器联锁正反转控制线路安装与调试

任务描述

- **任务内容**

安装三相笼型异步电动机接触器联锁正反转控制线路，并通电调试。

● **任务目标**

◎ 能说出三相笼型异步电动机接触器联锁正反转控制线路的操作过程和工作原理。

◎ 能列出三相笼型异步电动机接触器联锁正反转控制线路的元器件清单。

◎ 会安装和调试三相笼型异步电动机接触器联锁正反转控制线路。

任务操作

● **读一读　识读电气控制原理图**

（1）电路的基本组成。三相笼型异步电动机接触器联锁正反转控制线路图如图 3.1 所示，图中采用了 2 只接触器，即正转用接触器 KM1、反转用接触器 KM2。当 KM1 主触点接通时，三相电源 L1、L2、L3 按 U—V—W 相序接入电动机；当 KM2 主触点接通时，三相电源 L1、L2、L3 按 W—V—U 相序接入电动机。即对调了 W 和 U 两相相序，所以当 2 只接触器分别工作时，电动机的旋转方向相反。三相异步电动机接触器联锁正反转控制线路元件明细表见表 3.1。

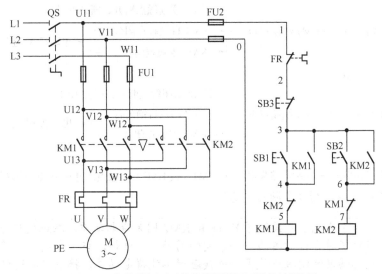

图 3.1　三相笼型异步电动机接触器联锁正反转控制线路图

表 3.1　　　　　　　　　　接触器联锁正反转控制线路元件明细表

序号	电　路	元件符号	元件名称	功　能	备　注
1	电源电路	QS	电源开关	电源引入	
2		FU1	主电路熔断器	主电路短路保护	KM1 与 KM2 必须联锁，避免同时闭合造成 L1 和 L3 两相电源短路事故
3		KM1	交流接触器主触点	控制电动机正转与停车	
4	主电路	KM2	交流接触器主触点	控制电动机反转与停车	
5		FR	热继电器热元件	电动机过载保护	
6		M	三相笼型异步电动机	生产机械动力	

序号	电 路	元件符号	元件名称	功 能	备 注
7		FU2	控制电路熔断器	控制电路短路保护	
8		FR	热继电器常闭触点	电动机过载保护	正反转控制公共支路
9		SB3	停止按钮	停车	
10		SB1	正转启动按钮	正转启动	
11		KM1	KM1辅助常开触点	正转自锁	
12	控制电路	KM2	KM2辅助常闭触点	联锁保护	正转控制支路
13		KM1	KM1线圈	控制KM1的吸合与释放	
14		SB2	反转启动按钮	反转启动	
15		KM2	KM2辅助常开触点	反转自锁	
16		KM1	KM1辅助常闭触点	联锁保护	反转控制支路
17		KM2	KM2线圈	控制KM2的吸合与释放	

（2）操作过程和工作原理。三相笼型异步电动机接触器联锁正反转控制线路的操作过程和工作原理如下。

合上电源开关 QS。

① 正转控制。

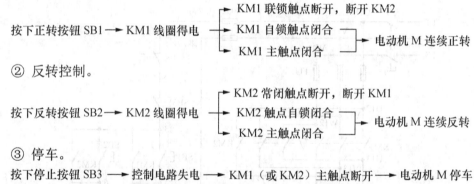

按下正转按钮 SB1 → KM1 线圈得电 →

- KM1 联锁触点断开，断开 KM2
- KM1 自锁触点闭合
- KM1 主触点闭合 → 电动机 M 连续正转

② 反转控制。

按下反转按钮 SB2 → KM2 线圈得电 →

- KM2 常闭触点断开，断开 KM1
- KM2 触点自锁闭合
- KM2 主触点闭合 → 电动机 M 连续反转

③ 停车。

按下停止按钮 SB3 → 控制电路失电 → KM1（或 KM2）主触点断开 → 电动机 M 停车

电动机 M 停车后，断开电源开关 QS。

提示

　　为了避免 2 只接触器 KM1 和 KM2 同时得电动作，在正反转控制线路中分别串接了对方接触器的一个常闭辅助触点。这样，当一个接触器得电动作时，通过其辅助常闭触点使另一个接触器不能得电动作，接触器间这种相互制约的作用叫接触器联锁（或互锁）。实现联锁作用的辅助常闭触点叫做联锁触点（或互锁触点），符号用"▽"表示。

● **列一列　列出元器件清单**

请根据学校实际，将安装三相笼型异步电动机接触器联锁正反转控制线路所需的元器件及导线的型号、规格和数量填入表 3.2 中，并检测元器件的质量。

表 3.2　　　　　　　接触器联锁正反转控制线路元器件及导线清单

序号	名 称	符 号	规 格	型 号	数 量	备 注
1	三相笼型异步电动机	M				
2	组合开关	QS				
3	按钮	SB				
4	主电路熔断器	FU1				

序号	名　称	符　号	规　格	型　号	数　量	备　注
5	控制电路熔断器	FU2				
6	交流接触器	KM				
7	热继电器	FR				
8	接线端子					
9	主电路导线					
10	控制电路导线					
11	按钮导线					
12	接地导线					

- **做一做　安装线路**

（1）固定元器件。将元器件固定在控制板上。要求元器件安装牢固，并符合工艺要求。接触器联锁正反转控制线路元器件布置参考图如图3.2所示，按钮 SB 可安装在控制板外。

（2）安装控制电路。根据电动机容量选择控制电路导线，按电气控制线路图接好控制电路。接触器联锁正反转控制线路控制电路接线参考图如图 3.3 所示，按接线图进行布线和套号码套管。

（3）安装主电路。根据电动机容量选择主电路导线，按电气控制线路图接好主电路。接触器联锁正反转控制线路主电路接线参考图如图 3.3 所示，按接线图进行布线和套号码套管。

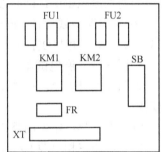

图 3.2　接触器联锁正反转控制线路元器件布置参考图

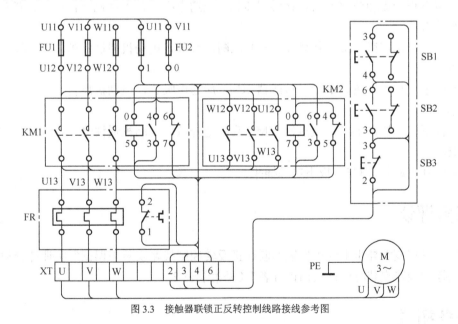

图 3.3　接触器联锁正反转控制线路接线参考图

- **测一测　检测线路**

（1）接线检查。按电路图或接线图从电源端开始，逐段核对接线有无漏接、错接之处，检查导线接点是否符合要求，压接是否牢固，以免带负载运行时产生闪弧现象。

（2）控制电路接线检查。用万用表电阻挡检查控制电路接线情况。检查时，应选用倍率适当的电阻挡，并欧姆调零。

① 控制电路接线检查。断开主电路，将万用表表笔分别搭在 U11、V11 线端上，万用表读数应为"∞"。

a. 控制电路通断检查。按下正转按钮 SB1（或反转按钮 SB2）时，万用表读数应为接触器线圈的直流电阻值（如 CJ10—10 线圈的直流电阻值约为 1 800Ω），松开 SB1（或 SB2），万用表读数为"∞"。

b. 自锁检查。松开 SB1（或 SB2），压下 KM1（或 KM2）触点架，使其常开辅助触点闭合，万用表读数应为接触器线圈的直流电阻值。

c. 接触器联锁检查。同时压下 KM1 和 KM2 触点架，万用表读数为"∞"。

d. 停车控制检查。按下启动按钮 SB1（SB2）或压下 KM1（KM2）触点架，测得接触器线圈的直流电阻值，同时按下停止按钮 SB3，万用表读数由线圈的直流电阻值变为"∞"。

② 主电路接线检查。断开控制电路，压下接触器 KM1、KM2 触点架，用万用表依次检查 U、V、W 三相接线有无开路或短路现象。

● 试一试　通电试车

为确保人身安全，在通电试车时，要认真执行安全操作规程的有关规定，经教师检查并现场监护。

（1）调整热继电器的整定电流值。

（2）接通三相电源 L1、L2、L3，合上电源开关 QS，用电笔检查熔断器出线端，氖管亮说明电源接通。

（3）按下正转启动按钮 SB1，接触器 KM1 应通电吸合，电动机正转运行。若有异常，立即停车检查。

（4）按下停止按钮 SB3，接触器 KM1 应断电释放，电动机惯性停车。若有异常，立即断电检查。

（5）按下反转启动按钮 SB2，接触器 KM2 应通电吸合，电动机反转运行。若有异常，立即停车检查。

（6）按下停止按钮 SB3，接触器 KM2 应断电释放，电动机惯性停车。若有异常，立即断电检查。

（7）断开电源开关 QS，拔下电源插头。

任务评议

请将"三相笼型异步电动机接触器联锁正反转控制线路安装与调试"实训评分填入"电动机电气控制线路安装与调试实训评分表"（见附录表 2）。

任务拓展

● 拓展 1　电动机正反转控制

在电气控制中，通常采用改变接入三相异步电动机绕组的电源相序来实现正反转控制。

三相异步电动机正反转控制线路类型有许多，如接触器联锁双向控制线路、按钮联锁双向控制线路、接触器按钮双重联锁双向控制线路等。

• **拓展 2　电气测量方法——电阻分阶测量法**

电阻分阶测量法是切断电源后，按下启动按钮不放，用万用表的电阻挡依次测量的电阻，判断电气故障的方法。图 3.4 所示是用电阻分阶测量法检查和判断接触器联锁正反转控制正转支路的示意图，如故障为"按下启动按钮 SB1，接触器 KM1 不吸合"。检测前，先切断电源，按下正转启动按钮 SB1，将万用表拨到合适的电阻挡。检查方法见表 3.3。

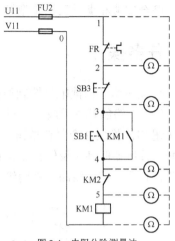

图 3.4　电阻分阶测量法

表 3.3　　　　　　　　　　　　　　用电阻分阶测量法查找故障点

故障现象	测量状态	测量点标号	测量电阻值	测量结果
按下启动按钮 SB1，接触器 KM 不吸合	按下 SB1 或按下 KM 触点架	1—2	0	正常
			∞	FR 常闭触点接触不良或连线开路
		1—3	0	正常
			∞	1—3 间元器件接触不良或连线开路
		1—4	0	正常
			∞	1—4 间元器件接触不良或连线开路
		1—5	0	正常
			∞	1—5 间元器件接触不良或连线开路
		1—0	线圈的直流电阻值	正常
			0	线圈短路
			∞	1—0 间元器件导线接触不良或连线开路

任务二　三相笼型异步电动机按钮联锁正反转控制线路安装与调试

任务描述

• **任务内容**

安装三相笼型异步电动机按钮联锁正反转控制线路，并通电调试。

• **任务目标**

◎能说出三相笼型异步电动机按钮联锁正反转控制线路的操作过程和工作原理。

◎能列出三相笼型异步电动机按钮联锁正反转控制线路的元器件清单。

◎会安装和调试三相笼型异步电动机按钮联锁正反转控制线路。

任务操作

● 读一读　识读电气控制原理图

（1）电路的基本组成。三相笼型异步电动机按钮联锁正反转控制是把正转按钮 SB1 和反转按钮 SB2 换成 2 个复合按钮，并使 2 个复合按钮的常闭触点代替接触器的联锁触点，从而克服了接触器联锁正反转控制操作不便的缺点，其线路图如图 3.5 所示。三相异步电动机按钮联锁正反转控制线路元件明细表见表 3.4。

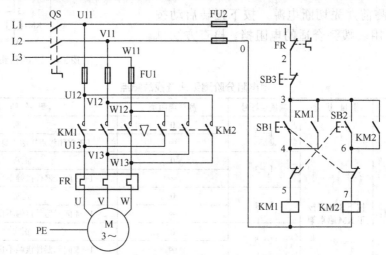

图 3.5　三相笼型异步电动机按钮联锁正反转控制线路图

表 3.4　　　　　　　　　按钮联锁正反转控制线路元件明细表

序　号	电　路	元件符号	元件名称	功　能	备　注
1	电源电路	QS	电源开关	电源引入	
2		FU1	主电路熔断器	主电路短路保护	KM1 与 KM2 必须联锁，避免同时闭合造成 L1 和 L3 两相电源短路事故
3		KM1	交流接触器主触点	控制电动机正转与停车	
4	主电路	KM2	交流接触器主触点	控制电动机反转与停车	
5		FR	热继电器热元件	电动机过载保护	
6		M	三相笼型异步电动机	生产机械动力	
7		FU2	控制电路熔断器	控制电路短路保护	
8		FR	热继电器常闭触点	电动机过载保护	正反转控制公共支路
9		SB3	停止按钮	停车	
10		SB1	正转启动常开触点	正转启动	
11		SB2	反转启动常闭触点	联锁保护	正转控制支路
12	控制电路	KM1	KM1 辅助常开触点	正转自锁	
13		KM1	KM1 线圈	控制 KM1 的吸合与释放	
14		SB2	反转启动常开触点	反转启动	
15		SB1	正转启动常闭触点	联锁保护	反转控制支路
16		KM2	KM2 辅助常开触点	反转自锁	
17		KM2	KM2 线圈	控制 KM2 的吸合与释放	

44

（2）操作过程和工作原理。三相笼型异步电动机按钮联锁正反转控制线路的操作过程和工作原理如下。

合上电源开关 QS。

① 正转控制。

按下正转按钮 SB1 ───→ SB1 常闭触点断开，断开 KM2 线圈支路
　　　　　　　 └─→ KM1 线圈得电 ─→ KM1 自锁触点闭合 ─┐
　　　　　　　　　　　　　　　　 └─→ KM1 主触点闭合 ─┴─→ 电动机 M 连续正转

② 反转控制。

按下反转按钮 SB2 ───→ SB2 常闭触点断开，断开 KM1 线圈支路
　　　　　　　 └─→ KM2 线圈得电 ─→ KM2 自锁触点闭合 ─┐
　　　　　　　　　　　　　　　　 └─→ KM2 主触点闭合 ─┴─→ 电动机 M 连续反转

③ 停车。

按下停止按钮 SB3 ──→ 控制电路失电 ──→ 所有控制线圈失电 ──→ 电动机 M 停车

电动机 M 停车后，断开电源开关 QS。

实现按钮联锁控制可以把正转按钮和反转按钮换成 2 个复合按钮，并使 2 个复合按钮的常闭触点代替接触器的联锁触点。

● **列一列　列出元器件清单**

请根据学校实际，将安装三相笼型异步电动机按钮联锁正反转控制线路所需的元器件及导线的型号、规格和数量填入表 3.5 中，并检测元器件的质量。

表 3.5　　　　　　　按钮联锁正反转控制线路元器件及导线清单

序　号	名　　称	符　号	规　格	型　号	数　量	备　注
1	三相笼型异步电动机	M				
2	组合开关	QS				
3	按钮	SB				
4	主电路熔断器	FU1				
5	控制电路熔断器	FU2				
6	交流接触器	KM				
7	热继电器	FR				
8	接线端子					
9	主电路导线					
10	控制电路导线					
11	按钮导线					
12	接地导线					

● **做一做　安装线路**

（1）固定元器件。将元器件固定在控制板上。要求元器件安装牢固，并符合工艺要求。

按钮联锁正反转控制线路元器件布置参考图如图3.6所示，按钮 SB 可安装在控制板外。

（2）安装控制电路。根据电动机容量选择控制电路导线，按电气控制线路图接好控制电路。按钮联锁正反转控制线路控制电路接线参考图如图 3.7 所示，按接线图进行布线和套号码套管。

（3）安装主电路。根据电动机容量选择主电路导线，按电气控制线路图接好主电路。按钮联锁正反转控制线路主电路接线参考图如图 3.7 所示，按接线图进行布线和套号码套管。

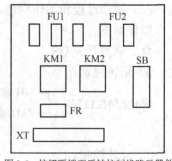

图 3.6　按钮联锁正反转控制线路元器件布置参考图

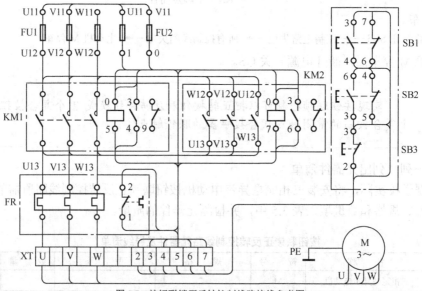

图 3.7　按钮联锁正反转控制线路接线参考图

● **测一测　检测线路**

（1）线路检查。按电路图或接线图从电源端开始，逐段核对接线有无漏接、错接之处，检查导线接点是否符合要求，压接是否牢固，以免带负载运行时产生闪弧现象。

（2）万用表检测。用万用表电阻挡检查控制电路接线情况。检查时，应选用倍率适当的电阻挡，并欧姆调零。

① 控制电路接线检查。断开主电路，将万用表表笔分别搭在 U11、V11 线端上，万用表读数应为"∞"。

a. 控制电路通断检查。按下正转按钮 SB1（或反转按钮 SB2）时，万用表读数应为接触器线圈的直流电阻值（如 CJ10—10 线圈的直流电阻值约为 1 800Ω），松开 SB1（或 SB2），万用表读数为"∞"。

b. 自锁检查。松开 SB1（或 SB2），压下 KM1（或 KM2）触点架，使其辅助常开触点闭合，万用表读数应为接触器线圈的直流电阻值。

c. 按钮联锁检查。同时按下正转按钮 SB1 和反转按钮 SB2，万用表读数为"∞"。

d. 停车控制检查。按下启动按钮 SB1（SB2）或压下 KM1（KM2）触点架，测得接触器线圈的直流电阻值，同时按下停止按钮 SB3，万用表读数由线圈的直流电阻值变为"∞"。

② 主电路接线检查。断开控制电路，压下接触器 KM1、KM2 触点架，用万用表依次检查 U、V、W 三相接线有无开路或短路现象。

- **试一试　通电试车**

为确保人身安全，在通电试车时，要认真执行安全操作规程的有关规定，经教师检查并现场监护。

（1）调整热继电器的整定电流值。

（2）接通三相电源 L1、L2、L3，合上电源开关 QS，用电笔检查熔断器出线端，氖管亮说明电源接通。

（3）按下正转启动按钮 SB1，接触器 KM1 应通电吸合，电动机正转运行。若有异常，立即停车检查。

（4）按下停止按钮 SB3，接触器 KM1 应断电释放，电动机惯性停车。若有异常，立即断电检查。

（5）按下反转启动按钮 SB2，接触器 KM2 应通电吸合，电动机反转运行。若有异常，立即停车检查。

（6）按下停止按钮 SB3，接触器 KM2 应断电释放，电动机惯性停车。若有异常，立即断电检查。

（7）按下正转启动按钮 SB1，接触器 KM1 应通电吸合，电动机正转运行。若有异常，立即停车检查。

（8）按下反转启动按钮 SB2，接触器 KM1 应断电释放，接触器 KM2 应通电吸合，电动机反转运行。若有异常，立即停车检查。

（9）按下停止按钮 SB3，接触器 KM2 应断电释放，电动机惯性停车。若有异常，立即断电检查。

（10）断开电源开关 QS，拔下电源插头。

任务评议

请将"三相笼型异步电动机按钮联锁正反转控制线路安装与调试"实训评分填入"电动机电气控制线路安装与调试实训评分表"。

任务拓展

- **拓展 1　电气控制的短路保护、过载保护**

（1）短路保护。当电动机、电气设备、导线绝缘损坏或线路发生故障时，都将可能发生短路事故。很大的短路电流将使电动机、电气设备、导线等电气设备严重损坏。因此，当发生短路故障时，控制电路能迅速地切除电源的保护称为短路保护。常用的短路保护电器是熔断器和低压断路器。

（2）过载保护。当电动机负载过大、启动频繁或缺相运行时，会使电动机的工作电流长时间超过额定电流，电动机绕组过热，温升超过其允许值，造成绝缘材料变脆，寿命变短，严重时还会使电动机损坏。因此，当电动机过载时，保护电器应能迅速切除电源。常用的过载保护电器是热继电器。

- **拓展2 倒顺开关正反转控制**

倒顺开关正反转控制线路如图 3.8 所示，万能铣床主轴电动机的正反转就是采用倒顺开关来实现的。线路的操作过程和工作原理如下。

（1）正转控制。当倒顺开关 QS 手柄扳至"顺"位置时，QS 的动触点和左边的静触点相接触，电路按 L1—U、L2—V、L3—W 接通，输入电动机定子绕组的电源电压相序为 L1—L2—L3，电动机正转。

（2）反转控制。当倒顺开关 QS 手柄扳至"倒"位置时，QS 的动触点和右边的静触点相接触，电路按 L1—W、L2—V、L3—U 接通，输入电动机定子绕组的电源电压相序为 L3—L2—L1，电动机反转。

（3）停车控制。当倒顺开关 QS 手柄扳至"停"位置时，QS 的动、静触点不接触，电路不通，电动机不转。

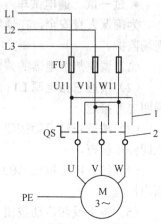

1—静触点；2—动触点
图3.8 倒顺开关正反转控制线路

任务三 三相笼型异步电动机接触器按钮双重联锁正反转控制线路安装与调试

任务描述

- **任务内容**

安装三相笼型异步电动机接触器按钮双重联锁正反转控制线路，并通电调试。

- **任务目标**

◎ 能说出三相笼型异步电动机接触器按钮双重联锁正反转控制线路的操作过程和工作原理。

◎ 能列出三相笼型异步电动机接触器按钮双重联锁正反转控制线路的元器件清单。

◎ 会安装和调试三相笼型异步电动机接触器按钮双重联锁正反转控制线路。

任务操作

- **读一读 识读电气控制原理图**

（1）电路的基本组成。三相异步电动机接触器按钮双重联锁正反转控制线路如图 3.9 所示。

图 3.9 中采用了 2 只接触器，即正转用接触器 KM1、反转用接触器 KM2。为防止两只接触器 KM1、KM2 的主触点同时闭合，造成主电路 L1 和 L3 两相电源短路，电路要求 KM1、KM2 不能同时通电。因此，在控制电路中，采用了按钮和接触器双重联锁（互锁），以保证接触器 KM1、KM2 不会同时通电：即在接触器 KM1 和 KM2 线圈支路中，相互串联对方的一副常闭辅助触点（接触器联锁），正反转启动按钮 SB2、SB3 的常闭触点分别与对方的常开触点相互串联（按钮联锁）。三相异步电动机接触器按钮双重联锁正反转控制线路元件明细表见表 3.6。

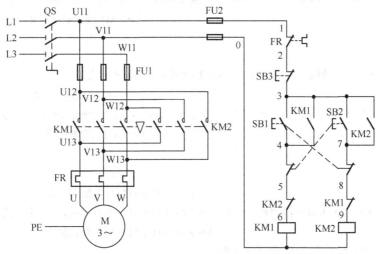

图 3.9　三相异步电动机接触器按钮双重联锁正反转控制线路

表 3.6　　　　　　　　接触器按钮双重联锁双向控制线路元件明细表

序号	电　路	元件符号	元件名称	功　　能	备　注
1	电源电路	QS	电源开关	电源引入	
2	主电路	FU1	主电路熔断器	主电路短路保护	KM1 与 KM2 必须联锁，避免同时闭合造成 L1 和 L3 两相电源短路事故
3		KM1	交流接触器主触点	控制电动机正转与停车	
4		KM2	交流接触器主触点	控制电动机反转与停车	
5		FR	热继电器热元件	电动机过载保护	
6		M	三相笼型异步电动机	生产机械动力	
7	控制电路	FU2	控制电路熔断器	控制电路短路保护	正反转控制公共支路
8		FR	热继电器常闭触点	电动机过载保护	
9		SB3	停止按钮	停车	
10		SB1	正转启动常开触点	正转启动	正转控制支路
11		SB2	反转启动常闭触点	联锁保护	
12		KM1	KM1 辅助常开触点	正转自锁	
13		KM2	KM2 辅助常闭触点	联锁保护	
14		KM1	KM1 线圈	控制 KM1 的吸合与释放	
15		SB2	反转启动常开触点	反转启动	反转控制支路
16		SB1	正转启动常闭触点	联锁保护	
17		KM2	KM2 辅助常开触点	反转自锁	
18		KM1	KM1 辅助常闭触点	联锁保护	
19		KM2	KM2 线圈	控制 KM2 的吸合与释放	

（2）操作过程和工作原理。三相笼型异步电动机接触器按钮双重联锁正反转控制线路的操作过程和工作原理如下。

先合上电源开关 QS。

① 正向控制。

按下 SB2 ┬→ SB2 联锁触点断开
　　　　　└→ SB2 常开触点闭合 → KM1 线圈通电吸合 ┬→ KM1 自锁触点闭合
　　　　　　　　　　　　　　　　　　　　　　　　├→ KM1 主触点闭合 → 电动机 M 连续正转
　　　　　　　　　　　　　　　　　　　　　　　　└→ KM1 联锁触点断开

② 反向控制。

按下 SB3 ┬→ SB3 联锁触点断开 → KM1 线圈断电释放，断开正向电源
　　　　　└→ SB3 常开触点闭合 → KM2 线圈通电吸合 ┬→ KM2 自锁触点闭合
　　　　　　　　　　　　　　　　　　　　　　　　├→ KM2 主触点闭合 → 电动机 M 连续正转
　　　　　　　　　　　　　　　　　　　　　　　　└→ KM2 联锁触点断开

③ 停车。

按下 SB1 → KM1（或 KM2）线圈断电释放 ┬→ KM1（或 KM2）自锁触点断开
　　　　　　　　　　　　　　　　　　├→ KM1（或 KM2）主触点断开 → 电动机 M 断电停车
　　　　　　　　　　　　　　　　　　└→ KM1（或 KM2）联锁触点闭合

电动机 M 停车后，断开电源开关 QS。

　　　实现接触器按钮双重联锁控制可以在正转接触器和反转接触器线圈支路中，相互串联对方的一副常闭辅助触点（接触器联锁），正反转启动按钮的常闭触点分别与对方的常开触点相互串联（按钮联锁）。

● 列一列　列出元器件清单

请根据学校实际，将安装三相笼型异步电动机接触器按钮双重联锁正反转控制线路所需的元器件及导线的型号、规格和数量填入表 3.7 中，并检测元器件的质量。

表 3.7　　　接触器按钮双重联锁正反转控制线路元器件及导线清单

序　号	名　称	符　号	规　格	型　号	数　量	备　注
1	三相笼型异步电动机	M				
2	组合开关	QS				
3	按钮	SB				
4	主电路熔断器	FU1				
5	控制电路熔断器	FU2				
6	交流接触器	KM				
7	热继电器	FR				
8	接线端子					
9	主电路导线					
10	控制电路导线					
11	按钮导线					
12	接地导线					

● **做一做 安装线路**

（1）固定元器件。将元器件固定在控制板上。要求元件安装牢固，并符合工艺要求。接触器按钮双重联锁正反转控制线路元器件布置参考图如图3.10所示，按钮SB可安装在控制板外。

（2）安装控制电路。根据电动机容量选择控制电路导线。接触器按钮双重联锁正反转线路控制电路接线参考图如图3.11所示，按接线图进行布线和套号码套管。

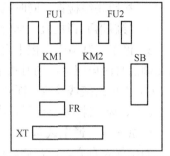

图3.10 接触器按钮双重联锁正反转控制线路元器件布置参考图

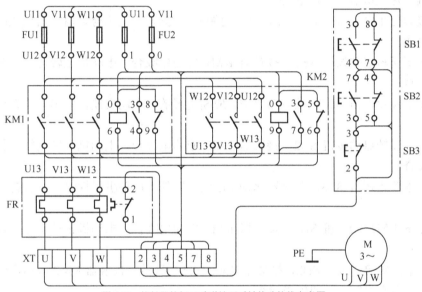

图3.11 接触器按钮双重联锁正反转线路接线参考图

（3）安装主电路。根据电动机容量选择主电路导线。接触器按钮双重联锁正反转控制线路主电路接线参考图如图3.11所示，按接线图进行布线和套号码套管示。

● **测一测 检测线路**

（1）接线检查。按电路图或接线图从电源端开始，逐段核对接线有无漏接、错接之处，检查导线接点是否符合要求，压接是否牢固，以免带负载运行时产生闪弧现象。

（2）万用表检测。用万用表电阻挡检查控制电路接线情况。检查时，应选用倍率适当的电阻挡，并欧姆调零。

① 控制电路接线检查。断开主电路，将万用表表笔分别搭在U11、V11线端上，万用表读数应为"∞"。

a．控制电路通断检查。按下正转按钮SB1（或反转按钮SB2）时，万用表读数应为接触器线圈的直流电阻值（如CJ10—10线圈的直流电阻值约为1 800Ω），松开SB1（或SB2），万用表读数为"∞"。

b．自锁检查。松开SB1（或SB2），压下KM1（或KM2）触点架，使其常开辅助触点闭合，万用表读数应为接触器线圈的直流电阻值。

c. 按钮联锁检查。同时按下正转按钮 SB1 和反转按钮 SB2，万用表读数为"∞"。

d. 接触器联锁检查。同时压下 KM1 和 KM2 触点架，万用表读数为"∞"。

e. 停车控制检查。按下启动按钮 SB1（SB2）或压下 KM1（KM2）触点架，测得接触器线圈的直流电阻值，同时按下停止按钮 SB3，万用表读数由线圈的直流电阻值变为"∞"。

② 主电路接线检查。断开控制电路，压下接触器 KM1、KM2 触点架，用万用表依次检查 U、V、W 三相接线有无开路或短路现象。

• **试一试　通电试车**

为确保人身安全，在通电试车时，要认真执行安全操作规程的有关规定，经老师检查并现场监护。

（1）调整热继电器的整定电流值。

（2）接通三相电源 L1、L2、L3，合上电源开关 QS，用电笔检查熔断器出线端，氖管亮说明电源接通。

（3）按下正转启动按钮 SB1，接触器 KM1 应通电吸合，电动机正转运行。若有异常，立即停车检查。

（4）按下停止按钮 SB3，接触器 KM1 应断电释放，电动机惯性停车。若有异常，立即断电检查。

（5）按下反转启动按钮 SB2，接触器 KM2 应通电吸合，电动机反转运行。若有异常，立即停车检查。

（6）按下停止按钮 SB3，接触器 KM2 应断电释放，电动机惯性停车。若有异常，立即断电检查。

（7）按下正转启动按钮 SB1，接触器 KM1 应通电吸合，电动机正转运行。若有异常，立即停车检查。

（8）按下反转启动按钮 SB2，接触器 KM1 应断电释放，接触器 KM2 应通电吸合，电动机反转运行。若有异常，立即停车检查。

（9）按下停止按钮 SB3，接触器 KM2 应断电释放，电动机惯性停车。若有异常，立即断电检查。

（10）断开电源开关 QS，拔下电源插头。

任务评议

请将"三相笼型异步电动机接触器按钮双重联锁正反转控制线路安装与调试"实训评分填入"电动机电气控制线路安装与调试实训评分表"。

任务拓展

• **拓展 1　电气原理图识读的基本原则**

电气原理图是用图形符号和文字符号（及接线标号）表示电路各个电器元件连接和电气工作原理的图。识读电气原理图时，应遵循以下原则。

（1）电气原理图一般分电源电路、主电路、控制电路和辅助电路。电源电路一般画在图面的上方或左方，三相交流电源 L1、L2、L3 按相序由上而下依次排列，中性线 N 和保护线 PE 画在相线下面。直流电源则以上正下负画出。电源开关要水平方向设置。

主电路垂直电源电路画在电气原理图的左侧。

控制电路和辅助电路跨在两相之间，依次垂直画在主电路的右侧，并且电路中的耗能元件（如接触器和继电器的线圈、电磁铁、信号灯、照明灯等）要画在电气原理图的下方，而线圈的触点则画在耗能元件的上方。

（2）电气原理图中各线圈的触点都按电路未通电或器件未受外力作用时的常态位置画出。分析工作原理时，应从触点的常态位置出发。

（3）各元器件不画实际外形图，而采用国家规定的统一图形符号画出。

（4）同一电器的各元件不按实际位置画在一起，而是根据它们在线路中所起的作用分别画在不同部位，并且它们的动作是相互关联的，必须标以相同的文字符号。

- **拓展 2　电气原理图识读的基本方法**

（1）查阅图纸说明。图纸说明包括图纸目录、技术说明、元件明细表和施工说明书等。看图纸说明有助于了解大体情况和抓住识读的重点。

（2）分清电路性质。分清电气原理图的主电路和控制电路，交流电路和直流电路。

（3）注意识读顺序。识读主电路时，通常从下往上看，即从电气设备（电动机）开始，经控制元件，依次到电源，搞清电源是经过哪些元器件到达用电设备的。识读控制电路时，通常从左往右看，即先看电源，再依次到各条回路，分析各回路元件的工作情况及主电路的控制关系。搞清回路构成、各元件间的联系、控制关系及在什么条件下回路接通或断开等。

综 合 练 习

一、填空题

1. 三相笼型异步电动机的正反转控制是指采用某一方式使电动机实现_____调换的控制。在工厂电气控制中，通常采用改变接入三相异步电动机绕组的_____来实现。

2. 当一个接触器得电动作时，通过其常闭辅助触点使另一个接触器不能得电动作，接触器间这种相互制约的作用叫接触器_____。

3. 常用的三相异步电动机正反转控制线路有_____正反转控制线路、_____正反转控制线路和_____正反转控制线路。

二、选择题

1. 在正反转控制中，保证只有一个接触器得电而相互制约的作用称为_____。（　　）

A. 自锁控制　　　B. 互锁控制　　　C. 限时控制　　　D. 限位控制

2. 在三相异步电动机正反转控制线路中，当一个接触器的触点熔焊而另一个接触器吸合时，将发生短路故障，能够防止这种短路故障的保护环节是_____。（　　）

A. 接触器触点自锁　　　　　　B. 接触器触点联锁

C. 行程开关联锁　　　　　　　D. 按钮联锁

三、判断题

1. 在电力拖动系统中，通常采用改变接入三相笼型异步电动机绕组的电源相序来实现三相笼型异步电动机的正反转控制。　　　　　　　　　　　　　　　　　（　　）

2. 三相笼型异步电动机正反转控制线路中，工作最可靠的是接触器联锁正反转控制线路。　　　　　　　　　　　　　　　　　　　　　　　　　　　　　　（　　）

四、综合题

1. 画出三相异步电动机接触器按钮双重联锁正反转控制线路图，说明其操作过程和工作原理。

2. 同学小任安装好三相笼型异步电动机接触器按钮双重联锁正反转控制线路后，发现只能正转控制，不能反转控制，请你帮他查出故障原因。

项目四　三相笼型异步电动机自动往返控制线路安装与调试

在电力拖动控制技术中，三相笼型异步电动机往往需要位置控制与自动往返控制，以满足控制要求，如摇臂钻床、镗床、万能铣床和桥式起重机等各种自动或半自动控制的机床设备中，经常需要其运动部件在一定范围内自动往返循环等。自动循环控制是实现在一定行程内的自动往返运动的控制，它可以方便工件进行连续加工。那么，三相笼型异步电动机位置控制与自动往返控制线路是如何安装与调试的呢？

任务一　行程开关识别与检测

任务描述

● 任务内容

识别行程开关的接线柱，检测行程开关的质量。

● 任务目标

◎能说明行程开关的主要用途，认识行程开关的外形、符号和常用型号。

◎会查找行程开关的主要技术参数，会按要求正确选择行程开关。

◎会识别行程开关的接线柱，检测行程开关的质量。

任务操作

● **读一读 阅读行程开关的使用说明**

（1）行程开关用途和符号。行程开关也称限位开关，它的作用与按钮相同，区别在于它的触点动作不是靠手指的按压，而是利用机械运动部件的碰撞使触点动作来实现接通或断开控制电路。它是将机械位移信号转变为电信号来控制机械运动的，主要用于控制机械的运动方向、行程大小和位置保护，从而使运动机械按一定的位置或行程实现自动停止、反向运动、变速运动或自动往返运动等。行程开关的符号如图 4.1 所示。

（2）行程开关的型号。行程开关的型号及意义如图 4.2 所示。

（a）常开触点 （b）常闭触点 （c）复合触点

图 4.1 行程开关的符号

注：复位代号为 1—能自动复位，2—不能自动复位

图 4.2 行程开关的型号及意义

行程开关主要由操作机构、触点系统和外壳 3 部分构成。行程开关种类很多，一般按其机构可分为直动式（按钮式）、微动式和滚轮式（旋转式）。行程开关的常用型号有 LX5、LX10、LX19、LX31、LX32、LX33、JLXK1 等系列，常见行程开关的外形、结构和特点见表 4.1。

表 4.1　　　　　　　　　　　　常见行程开关的外形、结构和特点

类型	直动式	滚轮式	
		单轮	双轮
外形			
结构	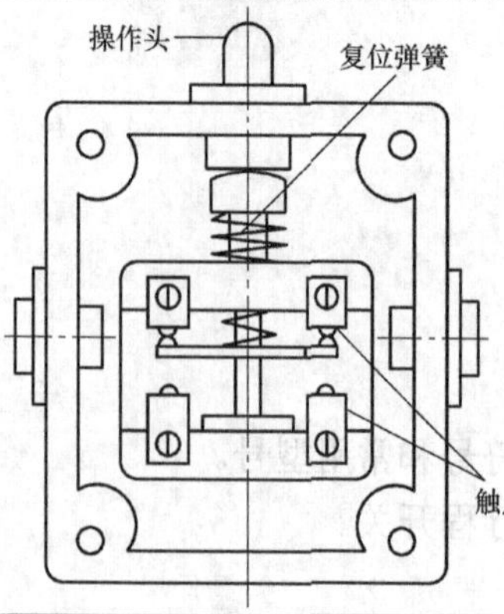	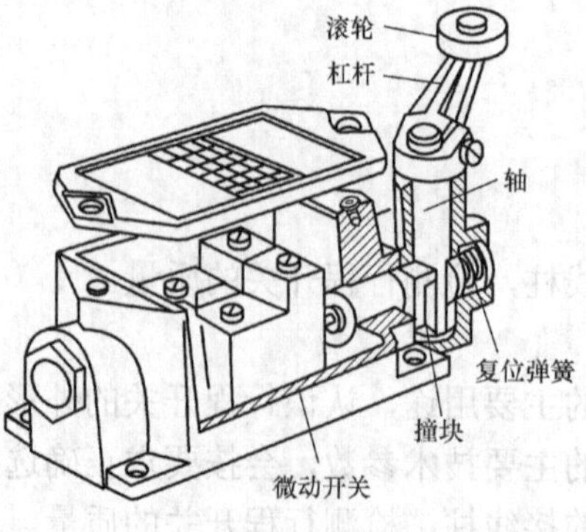	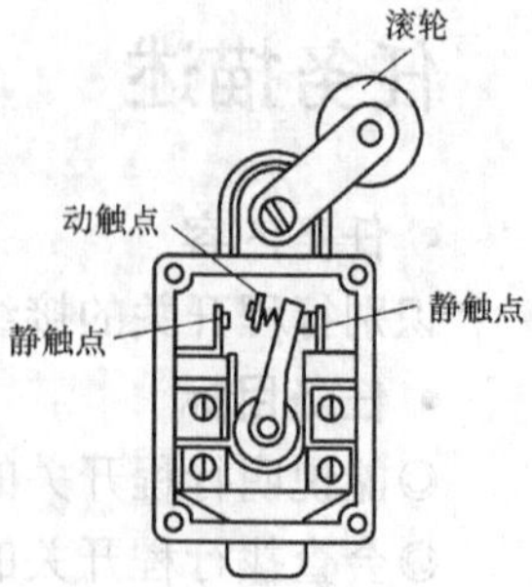

续表

类型	直动式	滚轮式	
		单轮	双轮
特点	（1）结构简单，成本较低 （2）触点的运行速度取决于挡铁移动的速度。若挡铁移动速度太慢，则触点就不能瞬时切断电路，使电弧或电火花在触点上滞留时间过长，触点损坏 （3）不宜用于挡铁移动速度小于0.4m/min的场合	（1）触点电流容量大，动作迅速，操作头动作行程大 （2）用于低速运行的机械	

- **选一选　选择行程开关的规格**

（1）行程开关的主要技术参数。行程开关的主要技术参数见表4.2。

表4.2　　　　　　　　　常用行程开关的主要技术参数

型号	额定电压/V	额定电流/A	结构形式	触点对数		工作行程	超行程
				常开	常闭		
LX19K			元件	1	1	3mm	1mm
LX19-111			内侧单轮，自动复位	1	1	～30°	～20°
LX19-121			外侧单轮，自动复位	1	1	～30°	～20°
LX19-131			内外侧单轮，自动复位	1	1	～30°	～20°
LX19-212	交流380 直流220	5	内侧双轮，不能自动复位	1	1	～30°	～15°
LX19-222			外侧双轮，不能自动复位	1	1	～30°	～15°
LX19-232			内外侧双轮，不能自动复位	1	1	～30°	～15°
JLXK1-111			单轮防护式	1	1	12°～15°	≤30°
JLXK1-211			双轮防护式	1	1	～45°	≤45°
JLXK1-311			直动防护式	1	1	1～3mm	2～4mm
JLXK1-411			直动滚轮防护式	1	1	1～3mm	2～4mm

（2）行程开关的选用。

① 根据使用场合及控制对象选择种类。

② 根据安装环境选择防护型式。

③ 根据控制回路的额定电压和额定电流选择系列。

④ 根据行程开关的传力与位移关系选择合理的操作头型式。

- **做一做　识别和检测行程开关**

请对照表4.3所列LX19系列行程开关的识别与检测方法，识别LX19系列行程开关的型号、接线柱，检测行程开关的质量，完成表4.4。

表4.3　　　　　　　　　行程开关的识别与检测方法

序号	任务	操作要点
1	识读行程开关的型号	行程开关的型号标注在面板盖上
2	观察行程开关的常闭触点	拆下面板盖，桥式动触点与静点处于闭合状态
3	观察行程开关的常开触点	拆下面板盖，桥式动触点与静点处于分断状态
4	压下行程开关，观察触点动作情况	边压边看，常闭触点先断开，常开触点后闭合
5	松开行程开关，观察触点动作情况	边松边看，常开触点先复位，常闭触点后复位

序号	任　务	操作要点
6	检测常闭触点好坏	将万用表置于 R×1Ω 挡，欧姆调零后，将两表笔分别搭接在常闭触点两端。常态时，各常闭触点的阻值约为 0；压下行程开关后，再测量阻值，阻值为∞
7	检测常开触点好坏	将万用表置于 R×1Ω 挡，欧姆调零后，将两表笔分别搭接在常开触点两端。常态时，各常开触点的阻值约为∞；压下行程开关后，再测量阻值，阻值为 0

表 4.4　　　　　　　　　　　　行程开关的识别与检测操作记录

序号	任　务	操作记录
1	识读行程开关的型号	行程开关的型号为_____
2	观察行程开关的常闭触点	拆下面板盖，桥式动触点与静触点处于_____状态
3	观察行程开关的常开触点	拆下面板盖，桥式动触点与静触点处于_____状态
4	压下行程开关，观察触点动作情况	边压边看，常闭触点先_____，常开触点后_____
5	松开行程开关，观察触点动作情况	边松边看，常开触点先_____，常闭触点后_____
6	检测常闭触点好坏	用万用表置于_____挡。经检测，常态时，常闭触点的阻值约为_____；压下行程开关后，阻值为_____，常闭触点质量_____（合格或不合格）
7	检测常开触点好坏	用万用表置于_____挡。经检测，常态时，常开触点的阻值约为_____；压下行程开关后，阻值为_____，常开触点质量_____（合格或不合格）

任务评议

请将"行程开关识别与检测"实训评分填入"元器件识别与检测实训评分表"。

任务拓展

● 拓展 1　接近开关

为了克服触点行程开关可靠性差、使用寿命短和操作频率低的缺点，常采用无触点式行程开关，即电子接近开关。接近开关利用位移传感器对接近物体的敏感特性达到控制开关通或断的目的。由于接近开关具有电压范围宽、重复定位精度高、频率响应高及抗干扰能力强、安装方便、使用寿命长等特点，其用途已超出一般的行程控制和限位控制，在航空、航天技术以及工业生产中都有广泛的应用。图 4.3 所示是常用接近开关的外形和符号。

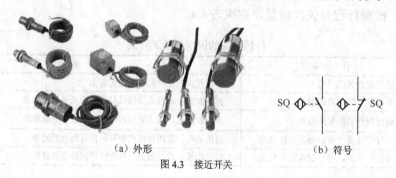

（a）外形　　　　　　　　　　　　　　（b）符号

图 4.3　接近开关

● **拓展 2　行程开关的安装**

（1）行程开关应牢固安装在安装板和机械设备上，不得有晃动现象。

（2）在安装行程开关的过程中，要将挡块和传动杆及滚轮的安装距离调整在适当的位置上。

任务二　三相笼型异步电动机自动往返控制线路安装与调试

任务描述

● **任务内容**

安装三相笼型异步电动机自动往返控制线路，并通电调试。

● **任务目标**

◎能说出三相笼型异步电动机自动往返控制线路的操作过程和工作原理。

◎能列出三相笼型异步电动机自动往返控制线路的元器件清单。

◎会安装和调试三相笼型异步电动机自动往返控制线路。

任务操作

● **读一读　识读电气控制原理图**

（1）三相笼型异步电动机自动往返控制线路图如图 4.4 所示，其右下角是工作台自动往返运动示意图。图中，SQ1、SQ2 用作自动换接电动机正反转控制电路，实现工作台的自动往返行程控制；SQ3、SQ4 用作限位保护（终端保护），防止 SQ1、SQ2 失灵，工作台越过限定位置而造成事故。SQ1、SQ2、SQ3、SQ4 分别安装在机床床身工作台需要限位的位置。在工作台两边的 T 形槽中装有两块挡铁，挡铁 1 只能和 SQ1、SQ3 相碰撞，挡铁 2 只能和 SQ2、SQ4 相碰撞。当工作台运动到所限位置时，挡铁碰撞行程开关，使其触点动作，自动换接电动机正反转控制电路，通过机械传动机构使工作台自动往返。自动往返控制线路元件明细表见表 4.5。

表4.5　　　　　　　　　　　自动往返控制线路元件明细表

序号	电　路	元件符号	元件名称	功　能	备　注
1	电源电路	QS	电源开关	电源引入	
2	主电路	FU1	主电路熔断器	主电路短路保护	KM1 与 KM2 必须联锁，避免同时闭合造成 L1 和 L3 两相电源短路事故
3		KM1	交流接触器主触点	控制电动机正转与停车	
4		KM2	交流接触器主触点	控制电动机反转与停车	
5		FR	热继电器热元件	电动机过载保护	
6		M	三相笼型异步电动机	生产机械动力	

序号	电 路	元件符号	元件名称	功 能	备 注
7		FU2	控制电路熔断器	控制电路短路保护	正反转控制公共支路
8		FR	热继电器常闭触点	电动机过载保护	
9		SB3	停止按钮	停车	
10		SB1	正转启动按钮	正转启动	
11		KM1	KM1辅助常开触点	正转自锁	正转控制支路
12		SQ2	SQ2常开触点	自动换接正转	
13		SQ1	SQ1常闭触点	联锁保护	
14	控制电路	SQ3	SQ3常闭触点	左限位保护	
15		KM2	KM2辅助常闭触点	联锁保护	
16		KM1	KM1线圈	控制KM1的吸合与释放	
17		SB2	反转启动按钮	反转启动	反转控制支路
18		KM2	KM2辅助常开触点	反转自锁	
19		SQ1	SQ1常开触点	自动换接反转	
20		SQ2	SQ2常闭触点	联锁保护	
21		SQ4	SQ4常闭触点	右限位保护	
22		KM1	KM1辅助常闭触点	联锁保护	
23		KM2	KM2线圈	控制KM2的吸合与释放	

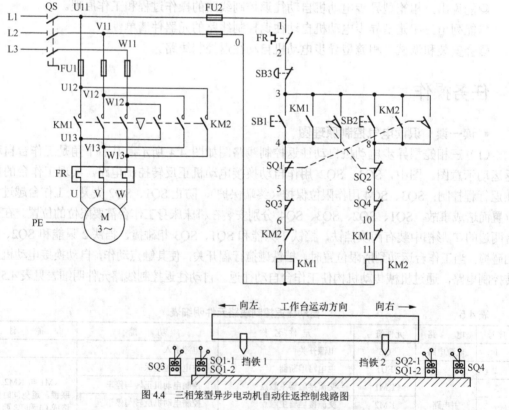

图4.4 三相笼型异步电动机自动往返控制线路图

（2）操作过程和工作原理。三相笼型异步电动机自动往返控制线路的操作过程和工作原理如下。

合上电源开关 QS。

① 自动往返运动。

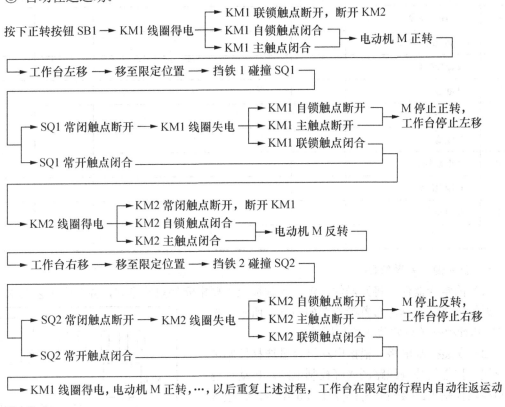

② 停车。

按下停止按钮 SB3 ──→ 控制电路失电 ──→ KM1（或 KM2）主触点断开 ──→ 电动机 M 停车，工作台停止运动

电动机 M 停车后，断开电源开关 QS。

实现行程控制可以用 SQ1、SQ2 自动换接电动机正反转控制电路，实现工作台的自动往返行程控制。

● 列一列　列出元器件清单

请根据学校实际，将安装三相笼型异步电动机自动往返控制线路所需的元器件及导线的型号、规格和数量填入表 4.6 中，并检测元器件的质量。

表 4.6　　　　　　　　　　　元器件及导线明细表

序号	名　　称	符号	规格型号	数　　量	备　注
1	三相笼型异步电动机				
2	组合开关				
3	按钮				

序号	名　　称	符号	规格型号	数　　量	备　注
4	主电路熔断器				
5	控制电路熔断器				
6	交流接触器				
7	热继电器				
8	行程开关				
9	接线端子				
10	主电路导线				
11	控制电路导线				
12	按钮导线				
13	接地导线				

● **做一做　安装线路**

（1）固定元器件。将元器件固定在控制板上。要求元件安装牢固，并符合工艺要求。自动往返控制线路元器件布置参考图如图 4.5 所示，按钮 SB 和行程开关可安装在控制板外。

（2）安装控制电路。根据电动机容量选择控制电路导线，按电气控制线路图接好控制电路。自动往返控制线路控制电路接线参考图如图 4.6 所示，按接线图进行布线和套号码套管。

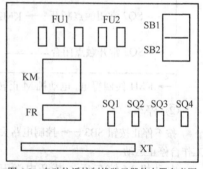

图4.5　自动往返控制线路元器件布置参考图

（3）安装主电路。根据电动机容量选择主电路导线，按电气控制线路图接好主电路。自动往返控制线路主电路接线参考图如图 4.6 所示，按接线图进行布线和套号码套管。

● **测一测　检测线路**

（1）接线检查。按电路图或接线图从电源端开始，逐段核对接线有无漏接、错接之处，检查导线接点是否符合要求，压接是否牢固，以免带负载运行时产生闪弧现象。

（2）万用表检测。用万用表电阻挡检查接线情况。检查时，应选用倍率适当的电阻挡，并欧姆调零。

① 控制电路接线检查。断开主电路，将万用表表笔分别搭在 U11、V11 线端上，万用表读数应为"∞"。

a．控制电路通断检查。按下按钮 SB1（或 SB2）或压下行程开关 SQ2（SQ1）时，万用表读数应为接触器线圈的直流电阻值（如 CJ10－10 线圈的直流电阻值约为 1 800Ω），松开 SB1（或 SB2），万用表读数为"∞"。

b．自锁检查。松开 SB1（或 SB2），压下 KM1（或 KM2）触点架，使其常开辅助触点闭合，万用表读数应为接触器线圈的直流电阻值。

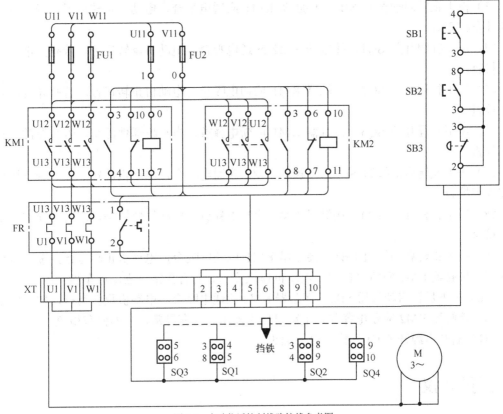

图 4.6　自动往返控制线路接线参考图

c. 行程开关联锁检查。同时压下反转行程开关 SQ1 和正转行程开关 SQ2，万用表读数为"∞"。

d. 接触器联锁检查。同时压下 KM1 和 KM2 触点架，万用表读数为"∞"。

e. 限位控制检查。按下启动按钮 SB1（SB2）或行程开关 SQ1（SQ2）或压下 KM1（KM2）触点架，测得接触器线圈的直流电阻值，同时压下行程开关 SQ3（或行程开关 SQ4），万用表读数由线圈的直流电阻值变为"∞"。

f. 停车控制检查。按下启动按钮 SB1（SB2）或行程开关 SQ1（SQ2）或压下 KM1（KM2）触点架，测得接触器线圈的直流电阻值，同时按下停止按钮 SB3，万用表读数由线圈的直流电阻值变为"∞"。

② 主电路接线检查。断开控制电路，压下接触器 KM1、KM2 触点架，用万用表依次检查 U、V、W 三相接线有无开路或短路现象。

● 试一试　通电试车

为保证人身安全，在通电试车时，要认真执行安全操作规程的有关规定，经教师检查并现场监护。

（1）调整热继电器的整定电流值。

（2）接通三相电源 L1、L2、L3，合上电源开关 QS，用电笔检查熔断器出线端，氖管亮

说明电源接通。

（3）按下正转启动按钮 SB1，接触器 KM1 应通电吸合，电动机正转运行。若有异常，立即停车检查。

（4）压下行程开关 SQ1，接触器 KM2 应通电吸合，电动机反转运行。若有异常，立即停车检查。

（5）压下行程开关 SQ2，接触器 KM1 应通电吸合，电动机正转运行。若有异常，立即停车检查。

（6）压下行程开关 SQ3，接触器 KM1 应断电释放，电动机惯性停车。若有异常，立即停车检查。

（7）按下反转启动按钮 SB2，接触器 KM2 应通电吸合，电动机反转运行。若有异常，立即停车检查。

（8）压下行程开关 SQ4，接触器 KM2 应断电释放，电动机惯性停车。若有异常，立即停车检查。

（9）按下正转启动按钮 SB1，接触器 KM1 应通电吸合，电动机正转运行，按下停止按钮 SB3，接触器 KM1 应断电释放，电动机惯性停车。若有异常，立即停车检查。

（10）按下反转启动按钮 SB2，接触器 KM2 应通电吸合，电动机反转运行，按下停止按钮 SB3，接触器 KM2 应断电释放，电动机惯性停车。若有异常，立即停车检查。

（11）断开电源开关 QS，拔下电源插头。

任务评议

请将"三相笼型异步电动机自动往返控制线路安装与调试"实训评分填入"电动机电气控制线路安装与调试实训评分表"。

任务拓展

● 拓展 1　限位保护

在行程控制中，为防止工作台越过限定位置而造成事故，经常需要设置限位保护。常用的限位保护电器是行程开关。

● 拓展 2　三相笼型异步电动机的位置控制

位置控制，又称行程控制或限位控制，是利用生产机械运动部件上的挡铁与行程开关碰撞，使其触点动作来控制电路的接通或断开，以实现对生产机械运动部件的行程或位置控制。

三相笼型异步电动机位置控制线路图如图 4.7 所示，工厂里的行车常采用这种线路。其右下角是行车运动示意图。行车的两头终点处各安装一个行程开关 SQ1 和 SQ2，将这两个行程开关的常闭触点分别串接在正转控制电路和反转控制电路中。行车前后各装有挡铁 1 和挡铁 2，行车的行程和位置可通过移动行程开关的安装位置来调节。线路的工作原理与正反转控制电路的工作原理相似，请大家自行分析。

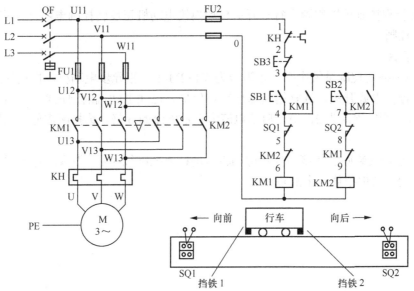

图 4.7 三相笼型异步电动机位置控制线路图

综 合 练 习

一、填空题

1. 行程开关也称_____，它的作用与按钮相同，区别在于它的触点动作不是靠手指的按压，而是利用机械运动部件的_____使触点动作来实现接通或断开控制电路的。

2. 为方便工件进行连续加工，常常需要在一定行程内_____的控制，称为自动循环控制。

3. 在行程控制中，为防止工作台越过_____而造成事故，经常需要设置限位保护。常用的限位保护电器是_____。

二、选择题

1. 用以反应工作机械的行程，发出命令以控制其运动方向和行程大小的开关称为_____。
（　　）

A. 负荷开关 B. 闸刀开关
C. 行程开关 D. 组合开关

2. 在正反转和行程控制电路中，各个常闭辅助触点互相串联在对方的吸引线圈电路中，其目的是为了_____。
（　　）

A. 起自锁作用 B. 保证两个接触器可以同时带电
C. 能灵活控制正反转（或行程）运行 D. 保证两个接触器的主触点不能同时动作

三、判断题

1. 三相笼型异步电动机位置控制中行程开关作用只能实现电动机的行程控制。（　　）

2．实现行程控制可以用两个行程开关自动换接电动机正反转控制电路，实现工作台的自动往返行程控制。 （ ）

四、综合题

1．某电力拖动控制系统中有一台型号为 Y132M-4 三相异步电动机，自动往返控制，选择低压断路器作电源开关，选择熔断器作短路保护。已知电动机的额定功率为 10kW，额定电压为 380V，额定电流为 20.5A，启动电流为额定电流的 6 倍。选择所需低压电器的型号和规格。

2．同学小任安装好三相笼型异步电动机自动往返控制线路后，发现工作台只能向右运动不能向左运动，请你帮他查出故障原因。

项目五　三相笼型异步电动机顺序控制线路安装与调试

在电力拖动控制技术中，在装有多台电动机的生产机械上，各台电动机所起的作用是不同的，有时需要按一定的顺序启动或停止，才能保证操作过程的合理和工作的安全可靠。例如，M7130 平面磨床中，要求砂轮电动机 M1 启动后，冷却泵电动机 M2 才能启动，M1 停车，M2 也停车；CA6140 普通车床中，要求主轴电动机 M1 启动后，冷却泵电动机 M2 才能启动，M1 停车，M2 也停车。这种要求几台电动机的启动或停车必须按一定的先后顺序来完成的控制方式叫做电动机的顺序控制。那么，三相笼型异步电动机顺序控制线路是如何安装与调试的呢？

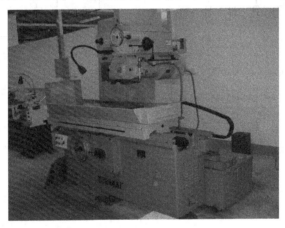

任务一　三相笼型异步电动机顺序启动逆序停止控制线路安装与调试

任务描述

● **任务内容**

安装三相笼型异步电动机顺序启动逆序停止控制线路，并通电调试。

● **任务目标**

◎能说出三相笼型异步电动机顺序启动逆序停止控制线路的操作过程和工作原理。

◎能列出三相笼型异步电动机顺序启动逆序停止控制线路的元器件清单。

◎会安装和调试三相笼型异步电动机顺序启动逆序停止控制线路。

任务操作

● **读一读 识读电气控制原理图**

（1）常见的三相笼型异步电动机顺序启动逆序停止控制线路如图 5.1 所示。图中主电路由 2 只接触器 KM1、KM2 主触点的通断配合，分别控制电动机 M1、M2。电动机 M1、M2 的顺序控制由控制电路实现。三相笼型异步电动机顺序启动逆序停止控制线路元件明细表见表 5.1。

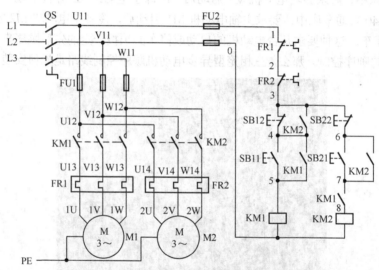

图 5.1　三相笼型异步电动机顺序启动逆序停止控制线路

表 5.1　　　　三相笼型异步电动机顺序启动逆序停止控制线路元件明细表

序号	电　路	元件符号	元件名称	功　能	备　注
1	电源电路	QS	电源开关	电源引入	
2		FU1	主电路熔断器	主电路短路保护	
3		KM1	KM1 主触点	控制电动机 M1	电动机 M1 主电路
4		FR1	热继电器热元件	电动机 M1 过载保护	
5	主电路	M1	三相笼型异步电动机	生产机械动力	
6		KM2	KM2 主触点	控制电动机 M2	电动机 M2 主电路
7		FR2	热继电器热元件	电动机 M2 过载保护	
8		M2	三相笼型异步电动机	生产机械动力	
9		FU2	控制电路熔断器	控制电路短路保护	
10	控制电路	FR1	热继电器常闭触点	电动机 M1 过载保护	电动机 M1 控制电路
11		FR2	热继电器常闭触点	电动机 M2 过载保护	

续表

序号	电 路	元件符号	元 件 名 称	功 能	备 注
12		SB12	停止按钮	M1 停车	
13		SB11	启动按钮	M1 启动	电动机 M1 控制电路
14		KM1	KM1 辅助常开触点	KM1 自锁	
15		KM2	KM2 辅助常开触点	保证逆序停车	
16	控制电路	KM1	KM1 线圈	控制 KM1 的吸合与释放	
17		SB22	停止按钮	M2 停车	
18		SB21	启动按钮	M2 启动	电动机 M2 控制电路
19		KM2	KM2 辅助常开触点	KM2 自锁	
20		KM1	KM1 辅助常开触点	保证顺序启动	
21		KM2	KM2 线圈	控制 KM2 的吸合与释放	

（2）操作过程和工作原理。三相笼型异步电动机顺序启动逆序停止控制线路的操作过程和工作原理如下。

合上电源开关 QS。

① 启动。

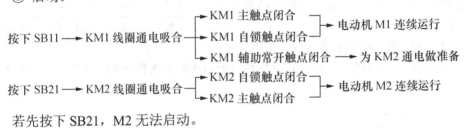

若先按下 SB21，M2 无法启动。

② 停车。

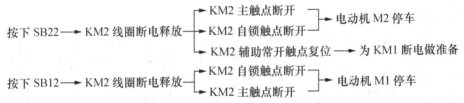

若先按下 SB12，M1 无法停车。电动机 M1、M2 停车后，断开电源开关 QS。

● 列一列　列出元器件清单

请根据学校实际，将安装三相笼型异步电动机顺序启动逆序停止控制线路所需的元器件及导线的型号、规格和数量填入表 5.2 中，并检测元器件的质量。

表 5.2　　　　元器件及导线明细表

序号	名 称	符号	规 格 型 号	数量	备注
1	三相笼型异步电动机				
2	组合开关				
3	按钮				
4	主电路熔断器				
5	控制电路熔断器				
6	交流接触器				

序号	名　称	符号	规 格 型 号	数量	备注
7	热继电器				
8	接线端子				
9	主电路导线				
10	控制电路导线				
11	按钮导线				
12	接地导线				

- **做一做　安装线路**

（1）固定元器件。将元器件固定在控制板上。要求元件安装牢固，并符合工艺要求。三相笼型异步电动机顺序启动逆序停止控制线路元器件布置参考图如图 5.2 所示，按钮可安装在控制板外。

（2）安装控制电路。根据电动机容量选择控制电路导线。三相笼型异步电动机顺序启动逆序停止控制线路控制电路接线参考图如图 5.3 所示，按接线图进行布线和套号码套管。

（3）安装主电路。根据电动机容量选择主电路导线。三相笼型异步电动机顺序启动逆序停止控制线路主电路接线参考图如图 5.3 所示，按接线图进行布线和套号码套管。

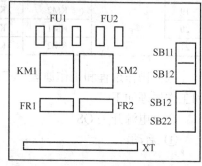

图 5.2　三相笼型异步电动机顺序启动逆序停止控制线路元器件布置参考图

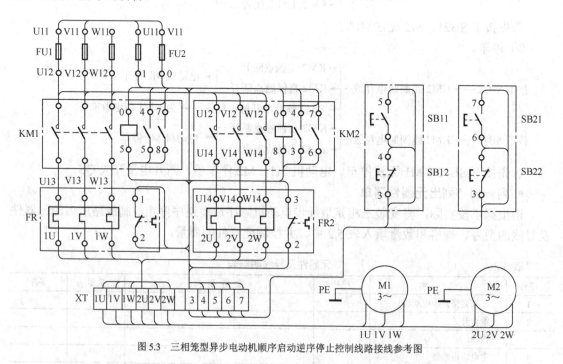

图 5.3　三相笼型异步电动机顺序启动逆序停止控制线路接线参考图

- **测一测　检测线路**

（1）接线检查。按电路图或接线图从电源端开始，逐段核对接线有无漏接、错接之处，检查导线接点是否符合要求，压接是否牢固，以免带负载运行时产生闪弧现象。

（2）万用表检测。用万用表电阻挡检查控制电路接线情况。检查时，应选用倍率适当的电阻挡，并欧姆调零。

① 控制电路接线检查。断开主电路，将万用表表笔分别搭在 U11、V11 线端上，万用表读数应为"∞"。

a. M1 启动控制检查。按下启动按钮 SB11 时，万用表读数应为 KM1 线圈的直流电阻值。

b. KM1 自锁检查。压下 KM1 触点架，万用表读数应为 KM1 线圈的直流电阻值。

c. M2 启动控制检查。按下启动按钮 SB21 时，万用表读数应为"∞"；压下 KM1 触点架，同时按下启动按钮 SB11 时，万用表读数应为 KM2 线圈的直流电阻值。

d. KM2 自锁检查。同时压下 KM1、KM2 触点架，万用表读数应为 KM2 线圈的直流电阻值。

e. M2 停车控制检查。按下启动按钮 SB21 或压下 KM2 触点架，万用表读数应为 KM2 线圈的直流电阻值；同时按下停止按钮 SB22，万用表读数由线圈的直流电阻值变为"∞"。

f. M1 停车控制检查。按下启动按钮 SB11 或压下 KM1 触点架，万用表读数应为 KM1 线圈的直流电阻值；同时按下停止按钮 SB12，万用表读数仍为 KM1 线圈的直流电阻值；压下 KM2 触点架，同时按下启动按钮 SB12 时，万用表读数由线圈的直流电阻值变为"∞"。

② 主电路接线检查。断开控制电路，分别压下接触器触点架，用万用表依次检查 U、V、W 三相接线有无开路或短路现象。

● **试一试 通电试车**

为确保人身安全，在通电试车时，要认真执行安全操作规程的有关规定，经教师检查并现场监护。

（1）调整热继电器 FR1、FR2 整定电流。

（2）接通三相电源 L1、L2、L3，合上电源开关 QS，用电笔检查熔断器出线端，氖管亮说明电源接通。

（3）按下启动按钮 SB11，接触器 KM1 应通电吸合，电动机 M1 启动运行。再按下启动按钮 SB21，接触器 KM2 应通电吸合，电动机 M2 启动运行。若先按下 SB21，电动机 M2 无法启动。若有异常，立即断电检查。

（4）按下停止按钮 SB22，接触器 KM2 应断电释放，电动机 M2 惯性停车。再按下停止按钮 SB12，接触器 KM12 应断电释放，电动机 M1 惯性停车。若先按下 SB12，电动机 M1 无法停车。若有异常，立即断电检查。

（5）断开电源开关 QS，拔下电源插头。

任务评议

请将"三相笼型异步电动机顺序启动逆序停止控制线路安装与调试"实训评分填入"电动机电气控制线路安装与调试实训评分表"。

任务拓展

● 拓展1 主电路顺序控制线路

三相笼型异步电动机顺序控制也可以由主电路实现，如图5.4所示。

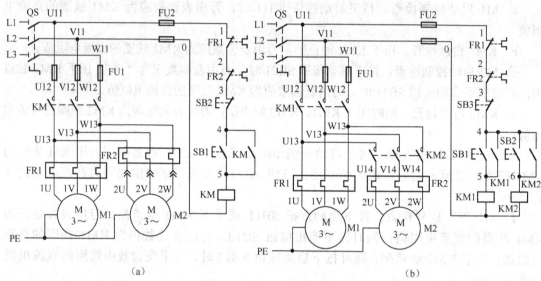

图5.4 主电路顺序控制线路图

在图5.4（a）所示线路中，电动机M2是通过接插器接在主触点KM下面。因此，只有当KM主触点闭合，电动机M1启动运转后，电动机M2才有可能接通电源运行。M7130平面磨床的砂轮电动机和冷却泵电动机就是采用这种顺序控制线路。

在图5.4（b）所示线路中，电动机M1和M2分别通过接触器KM1和KM2控制，KM2的主触点接在KM1主触点的下面。这样就保证了KM1主触点闭合，电动机M1启动运转后，电动机M2才有可能接通电源运行。其操作过程和工作原理如下。

合上电源开关QS。

（1）启动。

按下SB1 → KM1线圈得电 → ┌ KM1自锁触点闭合 ┐→ 电动机M1连续运行
　　　　　　　　　　　　└ KM1主触点闭合 ┘

再按下SB2 → KM2线圈得电 → ┌ KM2自锁触点闭合 ┐→ 电动机M连续运行
　　　　　　　　　　　　　└ KM2主触点闭合 ┘

（2）M1、M2同时停车。

按下SB3→KM1、KM2线圈失电→KM1、KM2主触点断开→电动机M1、M2同时停车

● 拓展2 三相笼型异步电动机的多地控制

在生产实际中，有些生产机械，特别是大型机械，为了操作方便，常常希望能在两个或多个地点进行同样的控制操作，即多地控制。能在两地或多地控制同一台电动机的控制方式称为电动机的多地控制。

为了实现两地同时控制一台电动机，必须在两个地点各安装一组启动和停止按钮。这两

组启停按钮的接线方法是启动按钮（常开触点）相互并联，停止按钮（常闭触点）相互串联。电动机两地控制线路如图 5.5 所示。它可以分别在甲、乙两地控制接触器 KM 的通断，其中甲地的启停按钮为 SB1、SB2，乙地的启停按钮为 SB3、SB4。

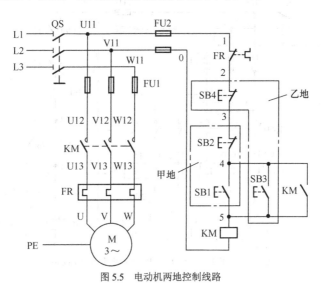

图 5.5　电动机两地控制线路

任务二　三相笼型异步电动机常见顺序控制电气原理图识读

任务描述

● **任务内容**

识读三相笼型异步电动机常见顺序控制线路原理图。

● **任务目标**

◎能说出三相笼型异步电动机常见顺序控制线路的操作过程和工作原理。

◎能列出三相笼型异步电动机常见顺序控制线路的元器件清单。

任务操作

● **读一读　识读电气控制原理图**

三相笼型异步电动机常见顺序启动控制线路如图 5.6 所示。该线路的特点是电动机 M2 的控制电路接在接触器 KM1 的自锁触点后面。这样就保证了只有当 KM1 接通，电动机 M1 启动后，M2 才能启动。当由于某种原因（如失压或过载等）使 KM1 失电，M1 停车，M2

也立即停车，即 M1、M2 同时停车。三相笼型异步电动机常见顺序启动控制线路元件明细表见表 5.3。

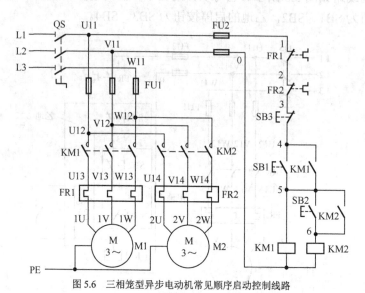

图 5.6 三相笼型异步电动机常见顺序启动控制线路

表 5.3　　　　　　　三相笼型异步电动机常见顺序启动控制线路元件明细表

序号	电路	元件符号	元件名称	功能	备注
1	电源电路	QS	电源开关	电源引入	
2		FU1	主电路熔断器	主电路短路保护	
3		KM1	KM1 主触点	控制电动机 M1	电动机 M1 主电路
4		FR1	热继电器热元件	电动机 M1 过载保护	
5	主电路	M1	三相笼型异步电动机	生产机械动力	
6		KM2	KM2 主触点	控制电动机 M2	电动机 M2 主电路
7		FR2	热继电器热元件	电动机 M2 过载保护	
8		M2	三相笼型异步电动机	生产机械动力	
9		FU2	控制电路熔断器	控制电路短路保护	
10		FR1	热继电器常闭触点	电动机 M1 过载保护	
11		FR2	热继电器常闭触点	电动机 M2 过载保护	
12		SB3	停止按钮	M1、M2 停车	电动机 M1 控制电路
13	控制电路	SB1	启动按钮	M1 启动	
14		KM1	KM1 辅助常开触点	KM1 自锁、保证顺序启动	
15		KM1	KM1 线圈	控制 KM1 的吸合与释放	
16		SB2	启动按钮	M2 启动	电动机 M2 控制电路
17		KM2	KM2 辅助常开触点	KM2 自锁	
18		KM2	KM2 线圈	控制 KM2 的吸合与释放	

● **说一说　说明操作过程和工作原理**

三相笼型异步电动机常见顺序启动控制线路的操作过程和工作原理如下。

合上电源开关 QS。

（1）启动。

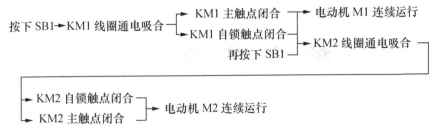

按下 SB1→KM1 线圈通电吸合
- →KM1 主触点闭合 → 电动机 M1 连续运行
- →KM1 自锁触点闭合
再按下 SB1 → KM2 线圈通电吸合
- →KM2 自锁触点闭合
- →KM2 主触点闭合 → 电动机 M2 连续运行

（2）M1、M2 同时停车。

按下 SB3→KM1、KM2 线圈失电→KM1、KM2 主触点断开→电动机 M1、M2 同时停车

任务评议

请将"三相笼型异步电动机常见顺序控制电气原理图识读"实训评分填入"电动机控制电气原理图识读实训评分表"。

任务拓展

- **拓展 1 三相笼型异步电动机顺序启动同时停车控制线路**

三相笼型异步电动机顺序启动同时停车控制线路如图 5.7 所示。图 5.7 中接触器 KM1 的常开触点串联接入接触器 KM2 的线圈电路。当 KM1 的线圈得电吸合后，KM1 主触点闭合，电动机 M1 启动。同时，KM1 的常开触点闭合，KM2 的线圈才可能接通，电动机 M2 才可能启动。按下停止按钮 SB1，M1、M2 同时失电停车。因此，该顺序控制电路的特点是 M1 启动后，M2 才能启动，M1 和 M2 同时停车。

- **拓展 2 三相笼型异步电动机顺序启动单独停车控制线路**

三相笼型异步电动机顺序启动单独停车控制线路如图 5.8 所示。与图 5.7 所示电路相比，接触器 KM1 的常开触点串联在与 KM2 的自锁触点并联的 M2 启动按钮 SB4 支路中。M1 启动后，M2 才能启动。当 KM2 因线圈得电吸合，自锁触点闭合自锁后，KM1 对 KM2 失去了作用，SB1 和 SB3 可以单独使 KM1 和 KM2 线圈失电。因此，该顺序控制电路的特点是 M1 启动后，M2 才能启动，M1 和 M2 可以单独停车。

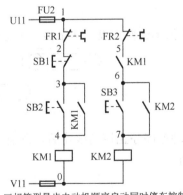

图 5.7 三相笼型异步电动机顺序启动同时停车控制线路

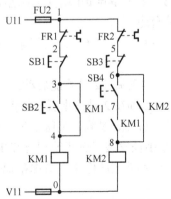

图 5.8 三相笼型异步电动机顺序启动单独停车控制线路

综 合 练 习

一、填空题

1. 几台电动机的启动或停止必须按一定的_____来完成的控制方式，叫做电动机的顺序控制。

2. 实现顺序控制的方式有_____顺序控制和_____顺序控制。

3. 控制电路实现顺序控制线路的特点是电动机 M2 的控制电路接在接触器 KM1 的_____后面。这样就保证了只有当 KM1 接通，电动机 M1 启动后，M2 才能启动。

4. 为了实现两地同时控制一台电动机，必须在两个地点各安装一组启动按钮和停止按钮：_____相互并联，_____相互串联。

二、选择题

1. 能实现一台电动机启动后才允许另一台电动机的控制线路一般称为_____。（   ）

   A. 自锁控制　　　　　　　　　　　B. 联锁控制

   C. 多地控制　　　　　　　　　　　D. 顺序控制

2. 两台电动机 M1 与 M2 为顺序启动逆序停止，当停止时_____。（   ）

   A. M1 先停，M2 后停　　　　　　　B. M2 先停，M1 后停

   C. M1 与 M2 同时停　　　　　　　　D. M1 停，M2 不停

3. 两台电动机 M1、M2，要求 M1 先启动，M2 后启动，主电路顺序控制实现这种控制，可以将_____。（   ）

   A. M1 的主电路接在控制 M2 的主触点 KM1 上面

   B. M1 的主电路接在控制 M2 的主触点 KM1 下面

   C. M2 的主电路接在控制 M1 的主触点 KM1 上面

   D. M2 的主电路接在控制 M1 的主触点 KM1 下面

三、判断题

1. 三相笼型异步电动机的顺序控制只能在其控制电路中实现。（   ）

2. 实现三相笼型异步电动机的多地控制可以启动按钮相互串联，停止按钮相互并联。（   ）

四、综合题

1. 图 5.9 所示是两条传送带运输机的示意图。请按下述要求设计两条传送带运输机的控制电路：

   （1）1 号启动后，2 号才能启动；

   （2）1 号必须在 2 号停止后才能停止；

   （3）具有短路、过载、欠压及失压保护。

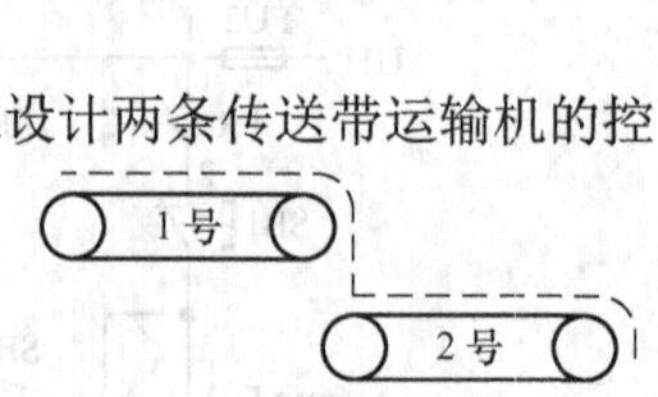

图 5.9　综合题 1 图

2. 同学小任安装好三相笼型异步电动机顺序启动逆序停止控制线路后，发现 M1、M2 能顺序启动但不能逆序停止，请你帮他查出故障原因。

项目六　三相笼型异步电动机降压启动控制线路安装与调试

在电力拖动控制技术中，对于较大容量的三相笼型异步电动机，往往不允许直接启动，而需要降压启动，以减小启动电流。降压启动也称减压启动，是指利用启动设备将电压适当降低后加到电动机的定子绕组上进行启动，待电动机启动运转后，再使其电压恢复到额定值正常运转。那么，三相笼型异步电动机降压启动控制线路是如何安装与调试的呢？

任务一　时间继电器识别与检测

任务描述

- **任务内容**

识别时间继电器的接线柱，检测时间继电器的质量。

- **任务目标**

◎能说明时间继电器的主要用途，认识时间继电器的外形、符号和常用型号。

◎会查找时间继电器的主要技术参数，会按要求正确选择时间继电器。

◎会识别时间继电器的接线柱，检测时间继电器的质量。

任务操作

● **读一读　阅读时间继电器的使用说明**

（1）时间继电器的用途和符号。时间继电器是一种按时间顺序进行控制的继电器。时间继电器是指从得到输入信号（线圈的通电或断电）起，需经过一段时间的延时后才输出信号（触点的闭合或分断）的继电器。时间继电器用于接收电信号至触点动作需要延时的场合，广泛应用于工厂电气控制系统中。常见的空气阻尼式时间继电器 JS7 系列的外形结构及符号如图 6.1 所示。

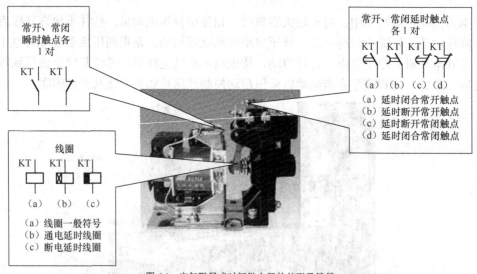

图 6.1　空气阻尼式时间继电器的外形及符号

（2）时间继电器的型号。时间继电器的型号及意义如图 6.2 所示。

常用的 JS7 系列空气阻尼式时间继电器主要由电磁系统、触点系统、空气室、传动机构和基座等组成，如图 6.3 所示。

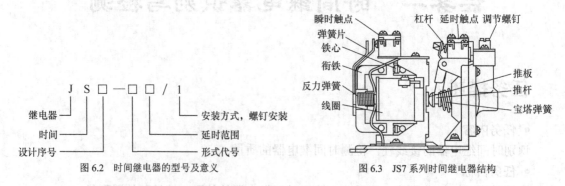

图 6.2　时间继电器的型号及意义

图 6.3　JS7 系列时间继电器结构

● **选一选　选择时间继电器的规格**

（1）时间继电器的主要技术参数。JS7 系列空气阻尼式时间继电器的主要技术参数见表 6.1。

表 6.1   JS7 系列空气阻尼式时间继电器的主要技术参数

型号	瞬时动作触点数量		延时动作触点数量				触点额定电压/V	触点额定电流/A	线圈电压/V	延时范围/s	额定操作频率/(次/小时)
			通电延时		断电延时						
	常开	常闭	常开	常闭	常开	常闭					
JS7-1A	—	—	1	1	—	—	380	5	24、36、110、127、220、380	0.4～60 及 0.4～180	600
JS7-2A	1	1	1	1	—	—					
JS7-3A	—	—	—	—	1	1					
JS7-4A	1	1	—	—	1	1					

（2）时间继电器的选用。时间继电器的选用主要考虑时间继电器的类型、延时方式和线圈电压。

① 根据系统的延时范围和精度选择时间继电器的类型和系列。在延时精度要求不高的场合，一般可选用价格较低的空气阻尼式时间继电器。反之，对精度要求较高的场合，可选用电子式时间继电器。

② 根据控制线路的要求选择时间继电器的延时方式（通电延时和断电延时）。同时，还必须考虑线路对瞬时动作触点的要求。

③ 时间继电器线圈电压的选择。根据控制线路的要求来选择时间继电器的线圈电压。

● 做一做 识别和检测时间继电器

请对照表 6.2 所列 JS7 系列空气阻尼式时间继电器的识别与检测方法，识别 JS7 系列时间继电器的型号、接线柱，检测时间继电器的质量，完成表 6.3。

表 6.2   时间继电器的识别与检测方法

序号	任 务	操 作 要 点
1	识读时间继电器的型号	时间继电器的型号标注在正面（调节螺钉边）
2	找到整定时间调节旋钮	调节旋钮旁边标有整定时间
3	找到延时常闭触点的接线端子	在气囊上方两侧，旁边有相应符号标注
4	找到延时常开触点的接线端子	在气囊上方两侧，旁边有相应符号标注
5	找到瞬时常闭触点的接线端子	在线圈上方两侧，旁边有相应符号标注
6	找到瞬时常开触点的接线端子	在线圈上方两侧，旁边有相应符号标注
7	找到线圈的接线端子	在线圈两侧
8	识读时间继电器线圈参数	时间继电器线圈参数标注在线圈侧面
9	检测延时常闭触点的接线端子好坏	将万用表于 R×1Ω 挡，欧姆调零后，将两表笔分别搭接在触点两端。常态时，阻值约为 0
10	检测延时常开触点的接线端子好坏	将万用表置于 R×1Ω 挡，欧姆调零后，将两表笔分别搭接在触点两端。常态时，阻值约为 ∞
11	检测瞬时常闭触点的接线端子好坏	将万用表于 R×1Ω 挡，欧姆调零后，将两表笔分别搭接在触点两端。常态时，阻值约为 0
12	检测瞬时常开触点的接线端子好坏	将万用表于 R×1Ω 挡，欧姆调零后，将两表笔分别搭接在触点两端。常态时，阻值约为 ∞
13	检测线圈的阻值	将万用表置于 R×100Ω 挡，欧姆调零后，将两表笔分别搭接在线圈两端

表 6.3 时间继电器的识别与检测操作记录

序号	任 务	操 作 要 点
1	识读时间继电器的型号	时间继电器的的型号为_____
2	找到整定时间调节旋钮	调节旋钮旁边标注的整定时间为_____
3	找到延时常闭触点的接线端子	延时常闭触点标注的符号为_____
4	找到延时常开触点的接线端子	延时常开触点标注的符号为_____
5	找到瞬时常闭触点的接线端子	瞬时常闭触点标注的符号为_____
6	找到瞬时常开触点的接线端子	瞬时常开触点标注的符号为_____
7	找到线圈的接线端子	线圈的接线端子分别在_____
8	识读时间继电器线圈参数	时间继电器线圈的额定电流为_____，额定电压为_____
9	检测延时常闭触点的接线端子好坏	用万用表置于_____挡。经检测，常态时，常闭触点的阻值约为_____，常闭触点质量_____（合格或不合格）
10	检测延时常开触点的接线端子好坏	用万用表置于_____挡。经检测，常态时，常开触点的阻值约为_____，常闭触点质量_____（合格或不合格）
11	检测瞬时常闭触点的接线端子好坏	用万用表置于_____挡。经检测，常态时，常闭触点的阻值约为_____，常闭触点质量_____（合格或不合格）
12	检测瞬时常开触点的接线端子好坏	用万用表置于_____挡。经检测，常态时，常开触点的阻值约为_____，常闭触点质量_____（合格或不合格）
13	检测线圈的阻值	用万用表置于_____挡。经检测，线圈的阻值约为_____，线圈质量_____（合格或不合格）

任务评议

请将"时间继电器识别与检测"实训评分填入"元器件识别与检测实训评分表"。

任务拓展

● 拓展 1　电子式时间继电器与数字显示式时间继电器

时间继电器按动作原理可分为电磁式时间继电器、电子式时间继电器、电动式时间继电器和空气阻尼式时间继电器；按延时方式可分为通电延时时间继电器和断电延时时间继电器。

随着电子技术的发展，近年来晶体管式时间继电器的应用日益广泛。图 6.4（a）所示的是电子式时间继电器，它具有体积小、重量轻、延时精度高、延时范围广、抗干扰性能强、可靠性好、寿命长等特点，适用于各种要求高精度、高可靠性自动化控制场合作延时控制，常用型号有 JS14、ST3P、ST6P。图 6.4（b）所示的是数字显示时间继电器，它采用集成电路、LED 数字显示、数字按键开关预置，具有工作稳定、精度高、延时范围宽、功耗低、外形美观、安装方便等特点，广泛应用于自动控制中作延时元件用，常用型号有 JS11S、JS14S。

（a）电子式时间继电器　（b）数字显示时间继电器

图 6.4　常用时间继电器

● 拓展 2　时间继电器的安装

（1）时间继电器应按说明书规定的方向安装。

（2）时间继电器的整定值，应预先在不通电时整定好，并在试车时校正。

（3）时间继电器金属地板上的接地螺钉必须与接地线可靠连接。

（4）通电延时型和断电延时型可在整定时间内自行调换。

任务二　三相笼型异步电动机 Y-△降压启动控制线路安装与调试

任务描述

● **任务内容**

安装三相笼型异步电动机 Y—△降压启动控制线路，并通电调试。

● **任务目标**

◎能说出三相笼型异步电动机 Y—△降压启动控制线路的操作过程和工作原理。

◎能列出三相笼型异步电动机 Y—△降压启动控制线路的元器件清单。

◎会安装和调试三相笼型异步电动机 Y—△降压启动控制线路。

任务操作

● **读一读　识读电气控制原理图**

（1）常见的三相笼型异步电动机时间继电器自动控制 Y—△降压启动控制线路如图 6.5 所示。图 6.5 中主电路由 3 只接触器 KM1、KM2、KM3 主触点的通断配合，分别将电动机的定子绕组接成 Y 或△。当 KM1、KM3 线圈通电吸合时，其主触点闭合，定子绕组接成 Y；当 KM1、KM2 线圈通电吸合时，其主触点闭合，定子绕组接成△。两种接线方式的切换由控制电路中的时间继电器定时自动完成。时间继电器自动控制 Y—△降压启动控制线路元件明细表见表 6.4。

表 6.4　　　　　时间继电器自动控制 Y—△降压启动控制线路元件明细表

序　号	电　路	元件符号	元件名称	功　能	备　注
1	电源电路	QS	电源开关	电源引入	
2	主电路	FU1	主电路熔断器	主电路短路保护	
3		KM1	KM1 主触点	主电路电源引入	
4		KM2	KM2 主触点	△连接	KM2 与 KM3 采用联锁保护
5		KM3	KM3 主触点	Y 连接	
6		FR	热继电器热元件	电动机过载保护	
7		M	三相笼型异步电动机	生产机械动力	
8	控制电路	FU2	控制电路熔断器	控制电路短路保护	KM2 与 KM3 采用联锁保护
9		FR	热继电器常闭触点	电动机过载保护	
10		SB2	停止按钮	停车	

电力拖动

续表

序 号	电 路	元件符号	元件名称	功 能	备 注
11		SB1	启动按钮	启动	
12		KM1	KM1辅助常开触点	KM1自锁	
13		KM1	KM1线圈	控制KM1的吸合与释放	
14		KM3	KM3辅助常闭触点	联锁保护	
15		KT	KT延时常开触点	延时闭合△连接	
16	控制电路	KM2	KM2辅助常开触点	KM2自锁	KM2与KM3采用联锁保护
17		KM2	KM2线圈	控制KM2的吸合与释放	
18		KM2	KM2辅助常闭触点	联锁保护	
19		KT	KT延时常闭触点	延时断开Y连接	
20		KT	KT线圈	计时，延时动作触点	
21		KM3	KM3线圈	控制KM3的吸合与释放	

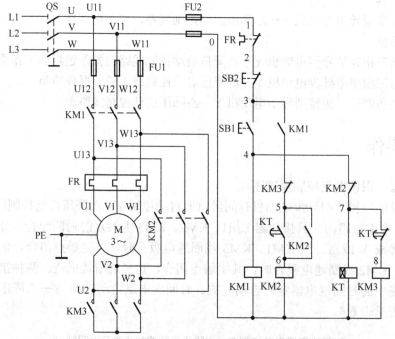

图6.5　三相笼型异步电动机时间继电器自动控制Y—△降压启动控制线路

提示　三相笼型异步电动机Y—△降压启动是指在电动机启动时，控制定子绕组先接成Y，至启动即将结束时再转换成△进行正常运行的启动方法。Y—△降压启动具有电路结构简单、成本低的特点，但其启动电流降为直接启动电流的1/3，启动转矩也降为直接启动转矩的1/3。因此，Y—△降压启动仅适用于电动机空载或轻载启动且要求正常运行时定子绕组为△连接。

（2）操作过程和工作原理。时间继电器自动控制Y—△降压启动控制线路的操作过程和工作原理如下。

合上电源开关QS。

① Y启动△运行。

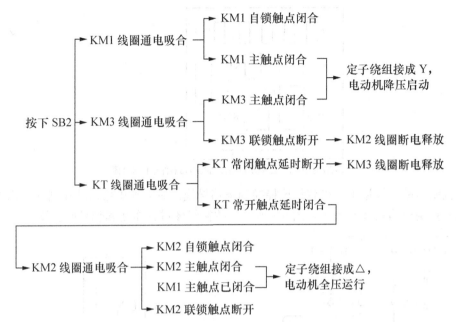

② 停车。

按下 SB1 ━➤ 控制电路断电 ━➤ KM1、KM2、KM3 线圈断电释放 ━➤ 电动机 M 断电停车

电动机 M 停车后，断开电源开关 QS。

● **列一列　列出元器件清单**

请根据学校实际，将安装三相笼型异步电动机时间继电器自动控制 Y—△降压启动控制线路所需的元器件及导线的型号、规格和数量填入表 6.5 中，并检测元器件的质量。

表 6.5　　　　　　　　　　　　元器件及导线明细表

序号	名　　称	符　　号	规　格　型　号	数　量	备　注
1	三相笼型异步电动机				
2	组合开关				
3	按钮				
4	主电路熔断器				
5	控制电路熔断器				
6	交流接触器				
7	热继电器				
8	时间继电器				
9	接线端子				
10	主电路导线				
11	控制电路导线				
12	按钮导线				
13	接地导线				

● **做一做　安装线路**

（1）固定元器件。将元器件固定在控制板上。要求元件安装牢固，并符合工艺要求。时间继电器自动控制 Y—△降压启动控制线路元器件布置参考图如图 6.6 所示，按钮 SB 可安装在控制板外。

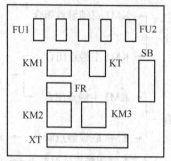

图 6.6　时间继电器自动控制 Y—△降压启动控制线路元器件布置参考图

（2）安装控制电路。根据电动机容量选择控制电路导线。时间继电器自动控制 Y—△降压启动控制线路控制电路接线参考图如图 6.7 所示，按接线图进行布线和套号码套管。

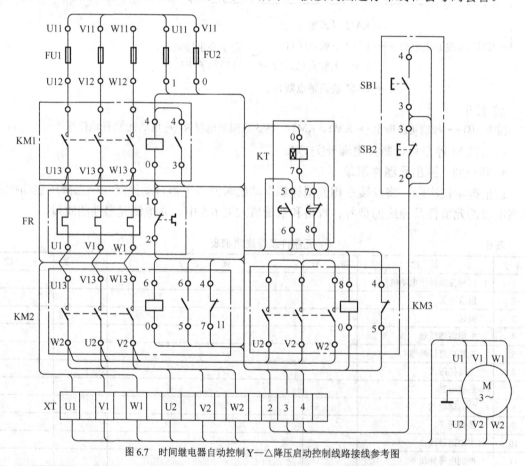

图 6.7　时间继电器自动控制 Y—△降压启动控制线路接线参考图

（3）安装主电路。根据电动机容量选择主电路导线。时间继电器自动控制 Y—△降压启动控制线路主电路接线参考图如图 6.7 所示，按接线图进行布线和套号码套管。

● **测一测　检测线路**

（1）接线检查。按电路图或接线图从电源端开始，逐段核对接线有无漏接、错接之处，检查导线接点是否符合要求，压接是否牢固，以免带负载运行时产生闪弧现象。

（2）万用表检测。用万用表电阻挡检查控制电路接线情况。检查时，应选用倍率适当的电阻挡，并欧姆调零。

① 控制电路接线检查。断开主电路，将万用表表笔分别搭在 U11、V11 线端上，万用表读数应为"∞"。

　　a．Y 启动控制检查。按下启动按钮 SB1 时，万用表读数应为 KM1、KM3、KT 线圈的直流电阻并联值。

　　b．KM1 自锁检查。压下 KM1 触点架，万用表读数应为 KM1、KM3、KT 线圈的直流电阻并联值。

　　c．KM2 自锁检查。按下 SB1，同时压下 KM2 触点架，万用表读数应为 KM1、KM2 线圈的直流电阻并联值。

　　d．联锁检查。同时压下 KM1、KM2、KM3 触点架，万用表读数应为 KM1 线圈的直流电阻值。

　　e．△运行检查。同时压下 KM1、KM2 触点架，万用表读数应为 KM1、KM2 线圈的直流电阻并联值。

　　f．停车控制检查。按下启动按钮 SB1 或压下 KM1 触点架，万用表读数应为 KM1、KM3、KT 线圈的直流电阻并联值。同时按下停止按钮 SB2，万用表读数由线圈的直流电阻并联值变为"∞"。

② 主电路接线检查。断开控制电路，压下接触器触点架，用万用表依次检查 U、V、W 三相接线有无开路或短路现象。

- **试一试　通电试车**

为确保人身安全，在通电试车时，要认真执行安全操作规程的有关规定，经教师检查并现场监护。

（1）调整热继电器 FR 整定电流。

（2）调整时间继电器 KT 整定时间。

（3）接通三相电源 L1、L2、L3，合上电源开关 QS，用电笔检查熔断器出线端，氖管亮说明电源接通。

（4）按下启动按钮 SB1，接触器 KM1、KM3、时间继电器 KT 应通电吸合，电动机 Y 启动运行。经过整定时间延时，接触器 KM1、KM2 应通电吸合，时间继电器 KT 应断电释放，电动机△运行。若有异常，立即停车检查。

（5）按下停止按钮 SB2，接触器应断电释放，电动机惯性停车。若有异常，立即断电检查。

（6）断开电源开关 QS，拔下电源插头。

任务评议

请将"三相笼型异步电动机时间继电器自动控制 Y—△降压启动控制线路安装与调试"实训评分填入"电动机电气控制线路安装与调试实训评分表"。

任务拓展

- **拓展 1　三相负载的 Y 连接和△连接**

三相负载的连接方式有两种：星形连接（Y）和三角形连接（△）。三相负载可以星形连接，也可以三角形连接，其接法根据负载的额定电压（相电压）与电源电压（线电压）的数值而定，使每相负载所承受的电压等于额定电压。

对接在电源电压为 380V 的三相负载来说，当负载星形连接时，每相负载承受的电压是220V；当负载三角形连接时，每相负载承受的电压是 380V。

- **拓展 2　三相笼型异步电动机按钮、接触器控制 Y—△降压启动线路**

用按钮、接触器控制 Y—△降压启动线路如图 6.8 所示，该线路使用了 3 个接触器、1个热继电器和 3 个按钮。接触器 KM1 作引入电源用，接触器 KM2 和接触器 KM3 分别作 Y启动和△运行用，SB1 是启动按钮，SB2 作 Y—△换接按钮，SB3 是停止按钮，FU1 作主电路短路保护，FU2 作控制电路短路保护，FR 作过载保护。线路的工作原理与时间继电器自动控制线路的工作原理相似，请大家自行分析。

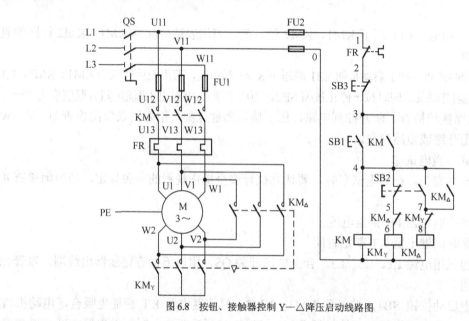

图 6.8　按钮、接触器控制 Y—△降压启动线路图

任务三　三相笼型异步电动机常见降压启动控制电气原理图识读

任务描述

- **任务内容**

识读三相笼型异步电动机常见降压启动控制电气原理图。

- **任务目标**

◎能说出三相笼型异步电动机常见降压启动控制线路的操作过程和工作原理。

◎能列出三相笼型异步电动机常见降压启动控制线路的元器件清单。

任务操作

● **读一读 识读电气控制原理图**

（1）定子绕组串电阻降压启动自动控制线路原理图识读。常见的定子绕组串电阻降压启动自动控制线路如图6.9所示。图6.9中主电路由2只接触器KM1、KM2的主触点构成串接电阻和短接电阻控制，其切换由控制电路的时间继电器定时自动完成。定子绕组串电阻降压启动自动控制线路元件明细表见表6.6。

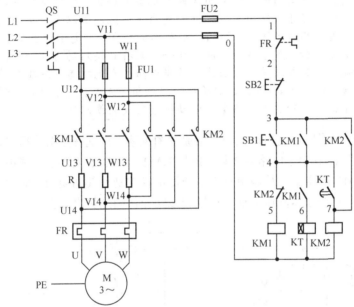

图 6.9 定子绕组串电阻降压启动自动控制线路

表6.6   定子绕组串电阻降压启动自动控制线路元件明细表

序 号	电 路	元件符号	元件名称	功 能	备 注
1	电源电路	QS	电源开关	电源引入	
2		FU1	主电路熔断器	主电路短路保护	
3		KM1	KM1主触点	串电阻降压启动	
4	主电路	KM2	KM2主触点	短接电阻，全压运行	KM2对KM1采用联锁保护
5		R	电阻	降压启动电阻	
6		FR	热继电器热元件	电动机过载保护	
7		M	三相笼型异步电动机	生产机械动力	
8		FU2	控制电路熔断器	控制电路短路保护	
9		FR	热继电器常闭触点	电动机过载保护	
10		SB2	停止按钮	停车	
11	控制电路	SB1	启动按钮	启动	KM2对KM1采用联锁保护
12		KM1	KM1辅助常开触点	KM1自锁	
13		KM2	KM2辅助常闭触点	联锁保护	
14		KM1	KM1线圈	控制KM1的吸合与释放	

序 号	电 路	元件符号	元件名称	功 能	备 注
15	控制电路	KM1	KM1 辅助常开触点	控制 KT 线圈	KM2 对 KM1 采用联锁保护
16		KT	KT 线圈	计时，延时动作触点	
17		KT	KT 延时常开触点	延时闭合 KM2 线圈支路	
18		KM2	KM2 辅助常开触点	KM2 自锁	
19		KM2	KM2 线圈	控制 KM2 的吸合与释放	

提示 定子绕组串电阻（或电抗器）降压启动是指在电动机三相定子绕组串入电阻（或电抗器），启动时利用串入的电阻（或电抗器）起降压限流作用；待电动机转速上升一定值时，将电阻（或电抗器）切除，使电动机在额定电压下稳定运行。由于定子电路中串入的电阻要消耗电能，所以大、中型电动机常采用串联电抗器的启动方法，它们的控制电路是一样的。定子绕组串电阻（或电抗器）降压启动，加到定子绕组上的电压一般只有直接启动时的一半，而电动机的启动转矩和所加电压平方成正比，故串电阻（或电抗器）降压启动的启动转矩仅为直接启动的 1/4。因此，定子绕组串电阻（或电抗器）降压启动仅适用于启动要求平稳，启动次数不频繁的电动机空载或轻载启动。

（2）自耦变压器降压启动自动控制线路原理图识读。自耦变压器降压启动自动控制线路如图 6.10 所示。图 6.10 中主电路由 2 只接触器 KM2、KM3 的主触点构成电动机的降压启动控制，接触器 KM1 的主触点构成电动机的全压运行控制，其切换由控制电路的时间继电器定时自动完成。自耦变压器降压启动自动控制线路元件明细见表 6.7。

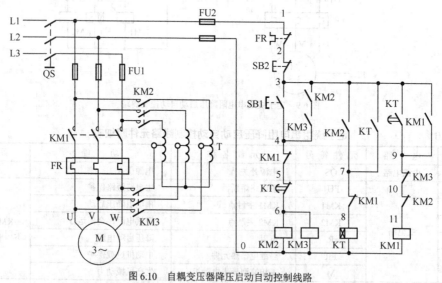

图 6.10　自耦变压器降压启动自动控制线路

表 6.7　　　　　　　　　自耦变压器降压启动自动控制线路元件明细表

序 号	电 路	元件符号	元件名称	功 能	备 注
1	电源电路	QS	电源开关	电源引入	
2	主电路	FU1	主电路熔断器	主电路短路保护	KM1 与 KM2、KM3 采用联锁保护
3		KM1	KM1 主触点	全压运行控制	
4		KM2	KM2 主触点	自耦变压器降压启动控制	

续表

序　号	电路	元件符号	元件名称	功　能	备　注
5	主电路	KM3	KM3 主触点	自耦变压器降压启动控制	KM1 与 KM2、KM3 采用联锁保护
6		T	自耦变压器	降压启动	
7		FR	热继电器热元件	电动机过载保护	
8		M	三相笼型异步电动机	生产机械动力	
9	控制电路	FU2	控制电路熔断器	控制电路短路保护	KM1 与 KM2、KM3 采用联锁保护
10		FR	热继电器常闭触点	电动机过载保护	
11		SB2	停止按钮	停车	
12		SB1	启动按钮	启动	
13		KM2	KM2 辅助常开触点	KM2 自锁	
14		KM3	KM3 辅助常开触点	KM3 自锁	
15		KM1	KM1 辅助常闭触点	联锁保护	
16		KT	KT 延时常闭触点	延时断开 KM2、KM3 线圈支路	
17		KM2	KM2 线圈	控制 KM2 的吸合与释放	
18		KM3	KM3 线圈	控制 KM3 的吸合与释放	
19		KM2	KM2 辅助常开触点	控制 KT 线圈	
20		KT	KT 瞬时常开触点	KT 自锁	
21		KM1	KM1 辅助常闭触点	联锁保护	
22		KT	KT 线圈	计时，延时动作触点	
23		KT	KT 延时常开触点	延时闭合 KM1 线圈支路	
24		KM1	KM1 辅助常开触点	KM1 自锁	
25		KM2	KM2 辅助常闭触点	联锁保护	
26		KM3	KM3 辅助常闭触点	联锁保护	
27		KM1	KM1 线圈	控制 KM1 的吸合与释放	

提示

　　　　自耦变压器降压启动是利用自耦变压器来降低加在电动机三相定子绕组上的电压，达到限制启动电流的目的。自耦变压器降压启动时，将电源电压加在自耦变压器的高压绕组，而电动机的定子绕组与自耦变压器的低压绕组连接。当电动机启动后，将自耦变压器切除，电动机定子绕组直接与电源连接，在全电压下运行。自耦变压器降压启动比 Y—△降压启动的启动转矩大，并且可用抽头调节自耦变压器的变比以改变启动电流和启动转矩的大小。但这种启动需要一个庞大的自耦变压器，且不允许频繁启动。因此，自耦变压器降压启动适用于容量较大但不能用 Y—△降压启动方法启动的电动机的降压启动。

　　（3）延边三角形降压启动自动控制线路原理图识读。延边三角形降压启动自动控制线路如图 6.11 所示。图 6.11 中主电路由 3 只接触器 KM1、KM2、KM3 主触点的通断配合，分别将电动机的定子绕组接成延边△或△。当 KM1、KM3 线圈得电吸合时，其主触点闭合，定子绕组接成延边三角形；当 KM1、KM2 线圈得电吸合时，其主触点闭合，定子绕组接成△。两种接线方式的切换由控制电路中的时间继电器定时自动完成。延边三角形降压启动自动控制线路元件明细表见表 6.8。

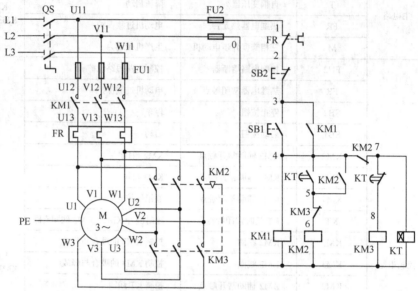

图 6.11 延边三角形降压启动自动控制线路

表 6.8　　　　　　　　延边三角形降压启动自动控制线路元件明细表

序 号	电 路	元件符号	元 件 名 称	功 能	备 注
1	电源电路	QS	电源开关	电源引入	
2		FU1	主电路熔断器	主电路短路保护	
3		KM1	KM1 主触点	全压运行控制	
4	主电路	KM2	KM2 主触点	自耦变压器降压启动控制	KM2 与 KM3 联锁
5		KM3	KM3 主触点		
6		FR	热继电器热元件	电动机过载保护	
7		M	三相笼型异步电动机	生产机械动力	
8		FU2	控制电路熔断器	控制电路短路保护	
9		FR	热继电器常闭触点	电动机过载保护	
10		SB2	停止按钮	停车	
11		SB1	启动按钮	启动	
12		KM1	KM1 线圈	控制 KM1 的吸合与释放	
13	控制电路	KM1	KM1 辅助常开触点	KM1 自锁	KM2 与 KM3 联锁
14		KT	KT 延时常开触点	延时闭合 KM1 线圈支路	
15		KM3	KM3 辅助常闭触点	联锁保护	
16		KM2	KM2 线圈	控制 KM2 的吸合与释放	
17		KM2	KM2 辅助常开触点	KM2 自锁	
18		KM2	KM2 辅助常闭触点	联锁保护	

续表

序　号	电　路	元件符号	元件名称	功　能	备　注
19	控制电路	KT	KT 延时常闭触点	延时断开 KM3 线圈支路	KM2 与 KM3 联锁
20		KM3	KM3 线圈	控制 KM3 的吸合与释放	
21		KT	KT 线圈	计时，延时动作触点	

　　　　延边三角形降压启动控制线路是指电动机启动时，把定子绕组的一部分接成△，另一部分接成Y，使整个绕组接成延边三角形，如图 6.12（a）所示。待电动机启动后，再把定子绕组改接成△全压运行的启动方法，如图 6.12（b）所示。

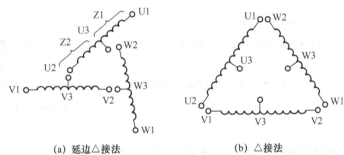

(a) 延边△接法　　　　　　　(b) △接法

图 6.12　延边三角形降压启动电动机定子绕组的连接方式

　　　　延边三角形降压启动是在 Y—△降压启动的基础上加以改进而形成的启动方式，它把 Y 和△两种接法结合起来，使电动机每相定子绕组承受的电压小于△接法的相电压，而大于 Y 接法的相电压，并且由于每相绕组的大小可随电动机绕组抽头（U3、V3、W3）位置的改变而调节，从而克服了 Y—△降压启动时启动电压比较低、启动转矩小的缺点。

● **说一说**　说明操作过程和工作原理

（1）定子绕组串电阻降压启动自动控制线路操作过程和工作原理如下。

合上电源开关 QS。

① 启动。

② 停车。

按下 SB2→ 控制电路失电 → KM1、KM2 线圈失电 → 电动机 M 失电停车

电动机 M 停车后，断开电源开关 QS。

（2）自耦变压器降压启动自动控制线路操作过程和工作原理。

合上电源开关 QS。

① 启动。

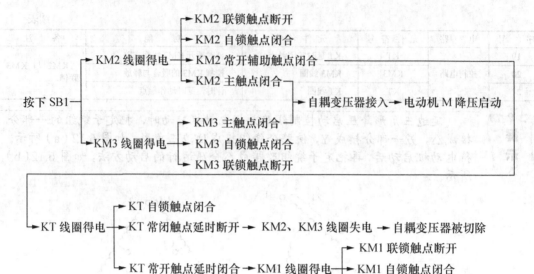

② 停车。

按下 SB2→控制电路失电→KM1 线圈失电→电动机 M 失电停车

电动机 M 停车后，断开电源开关 QS。

（3）延边三角形降压启动自动控制线路操作过程和工作原理。

合上电源开关 QS。

① 延边三角形启动△运行。

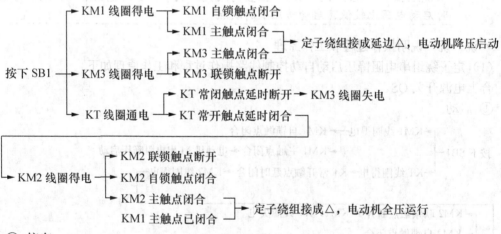

② 停车。

按下 SB2→控制电路失电→KM1、KM2、KM3 线圈失电→电动机 M 失电停车

电动机 M 停车后，断开电源开关 QS。

任务评议

请将"三相笼型异步电动机常见降压启动控制电气原理图识读"实训评分填入"电动机

控制电气原理图识读实训评分表"。

任务拓展

● 拓展 1 三相笼型异步电动机降压启动

在生产实际中，三相笼型异步电动机直接启动时，启动电流一般为额定电流的 4～7 倍。在电源变压器容量不够大而电动机功率较大的情况下，直接启动将导致电源变压器输出电压下降，不仅减小电动机本身的启动转矩，而且会影响同一供电线路中其他电气设备的正常工作。因此，较大容量的电动机不允许直接启动。

一般容量大于 10kW 的三相笼型异步电动机能否直接启动，可用下面的经验公式来确定。

$$\frac{I_q}{I_N} \leqslant \frac{3}{4} + \frac{S}{4P}$$

式中：I_q——电动机的全压启动电流（A）；

I_N——电动机的额定电流（A）；

S——电源变压器的容量（kVA）；

P——电动机的额定功率（kW）。

三相笼型异步电动机容量在 10kW 以上或由于其他原因启动时，应采用降压启动。常见的降压启动方法有定子绕组串电阻（或电抗器）降压启动、Y—△降压启动、自耦变压器降压启动和延边三角形降压启动等，其控制方法有手动控制和自动控制。

● 拓展 2 三相笼型异步电动机降压启动

XJ01 系列自耦降压启动器是我国生产的自耦变压器降压启动控制设备，广泛应用于交流 50Hz、电压为 380V、功率为 14～300kW 的三相笼型异步电动机作不频繁的降压启动用。XJ01 系列自耦降压启动器的外形及内部结构如图 6.13 所示。

图 6.13 XJ01 系列自耦降压启动器的外形及内部结构

XJ01 系列自耦降压启动器的电路图如图 6.14 所示。XJ01 系列自耦降压启动器由自耦变压器、交流接触器、中间继电器、时间继电器和按钮等电器元件组成。14～75kW 的产品采用自动控制方式；100～300kW 的产品具有手动和自动两种控制方式，由转换开关进行切换。时间继电器为可调式，在 5～120s 可以自由调节启动时间。自耦变压器备有额定电压 60% 和 80% 两挡抽头。启动箱具有过载保护和失压保护功能，最大启动时间为 2min（包括一次或连续数次启动时间的总和），若启动时间超过 2min，则启动后的冷却时间应不小于 4h 才能再次启动。

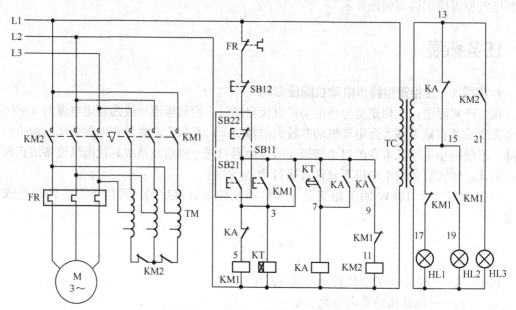

图 6.14　XJ01 系列自耦降压启动器电路图

综 合 练 习

一、填空题

1. JS7-A 时间继电器有_____和_____两种延时方式，应根据控制线路的要求来选择相应延时方式。

2. 定子绕组串电阻降压启动是指在电动机三相定子绕组串入_____，启动时利用串入的电阻起降压限流作用；待电动机转速上升一定值时，将电阻_____，使电动机在额定电压下稳定运行。

3. 自耦变压器降压启动是利用_____来降低加在电动机三相定子绕组上的电压，达到限制_____的目的。

4. Y—△降压启动控制线路是利用主电路_____的通断配合完成的：启动时，定子绕组接成_____；正常运行时，定子绕组接成_____。

5. 延边三角形降压启动是指电动机启动时，把定子绕组的一部分接成_____，另一部分接成_____，使整个绕组接成_____，待电动机启动后，再把定子绕组改接成△全压运行。

二、选择题

1. 要改变 JS7-A 系列时间继电器的延时方式只要改变_____的安装方向。　　　　（　　）

A. 气室　　　　　　　　　　　　　　　　B. 底座

C. 触点系统　　　　　　　　　D. 电磁机构

2. 三相异步电动机进行降压启动主要的目的是_____。　　（　　）

A. 限制启动电流　　　　　　　B. 降低启动转矩

C. 降低定子绕组上的电压　　　D. 防止电动机转速失控

3. 定子绕组串接电阻降压启动后，要将电阻_____，使电动机在额定电压下正常运行。　　（　　）

A. 短接　　　　　　　　　　　B. 串接

C. 并接　　　　　　　　　　　D. 开路

4. 自耦变压器降压启动方法一般适用于_____的三鼠笼式异步电动机。　　（　　）

A. 容量很小　　　　　　　　　B. 容量较小

C. 容量较大　　　　　　　　　D. 各种容量

5. 在电动机启动时，控制定子绕组先接成Y，至启动即将结束时再转换成△进行正常运行的启动方法是_____。　　（　　）

A. 定子串电阻降压启动　　　　B. 定子串自耦变压器降压启动

C. Y—△降压启动　　　　　　　D. 延边三角形降压启动

6. 三相异步电动机既不增加启动设备，又能适当增加启动转矩的一种降压启动方法是_____。　　（　　）

A. 定子串电阻降压启动　　　　B. 定子串自耦变压器降压启动

C. Y—△降压启动　　　　　　　D. 延边三角形降压启动

三、判断题

1. 通电延时型时间继电器和断电延时型时间继电器不能在整定时间内自行调换。（　　）

2. 三相异步电动机定子串电阻降压启动后，可以增加启动转矩。　　　（　　）

3. 自耦变压器降压启动比 Y—△降压启动的启动转矩大，并且可用抽头调节自耦变压器的变比以改变启动电流和启动转矩的大小。　　　　　　　　　　（　　）

4. Y—△降压启动仅适用于电动机空载或轻载启动且要求正常运行时定子绕组为△连接。　　　　　　　　　　　　　　　　　　　　　　　　　　　　（　　）

5. 延边三角形降压启动方法适用于任何电动机。　　　　　　　　　　（　　）

四、综合题

1. 某电力拖动控制系统中有一台型号为 Y132M-4 三相异步电动机，Y—△降压启动控制，选择低压断路器作电源开关，选择熔断器作短路保护。已知电动机的额定功率为10kW，额定电压为380V，额定电流为20.5A，启动电流为额定电流的 6 倍。选择所需低压电器的型号和规格。

2. 同学小任安装好三相笼型异步电动机 Y—△降压启动控制线路后，发现电动机 Y 启动后不能△运行，请你帮他查出故障原因。

项目七 三相笼型异步电动机制动控制线路安装与调试

三相异步电动机切断电源后，由于惯性，总要经过一段时间才能完全停止。在电力拖动控制技术中，为缩短时间，提高生产效率和加工精度，要求生产机械能迅速准确地停车。采取一定措施使三相异步电动机在切断电源后迅速准确地停车的过程称为三相异步电动机的制动。那么，三相笼型异步电动机制动控制线路是如何安装与调试的呢？

任务一　速度继电器识别与检测

任务描述

● 任务内容
识别速度继电器的接线柱，检测速度继电器的质量。

● 任务目标

◎ 能说明速度继电器的主要用途，认识速度继电器的外形、符号和常用型号。

◎ 会查找速度继电器的主要技术参数，会按要求正确选择速度继电器。

◎ 会识别速度继电器的接线柱，检测速度继电器的质量。

任务操作

● 读一读 阅读速度继电器的使用说明

（1）速度继电器用途和符号。速度继电器又称为反接制动继电器。它以旋转速度的快慢为指令信号，通过触点的分合传递给接触器，从而实现对电动机反接制动控制。速度继电器常用在铣床和镗床的控制电路中。速度继电器的动作转速一般为 100～300r/min，复位转速约在 100r/min 以下。

常用速度继电器有 JY1、JFZ0 系列。速度继电器具有结构简单、工作可靠、价格低廉等特点，故仍为众多生产机械所采用，广泛用于生产机械运动部件的速度控制和反接控制快速停车，如车床主轴、铣床主轴等。速度继电器的实物如图 7.1 所示，符号如图 7.2 所示。

（2）速度继电器的型号。速度继电器的型号及意义如图 7.3 所示。

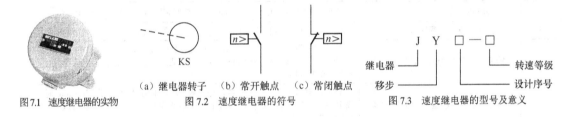

图7.1 速度继电器的实物　图7.2 速度继电器的符号　图7.3 速度继电器的型号及意义

● 选一选 选择速度继电器的规格

（1）速度继电器的主要技术参数。常用速度继电器的主要技术参数见表 7.1。

表 7.1　　　　　　　　　　常用速度继电器的主要技术参数

型号	触点额定电压/V	触点额定电流/A	触点数量		额定工作转速/（r/min）	允许操作频率/（次/小时）
			正转时动作	逆转时动作		
JY1	380	2	1常开 1常闭	1常开 1常闭	100～3 600	<30

（2）速度继电器的选用。速度继电器主要根据电动机的转速大小、触点数量和电压、电流来选择合适的系列和类型。

● 做一做 识别与检测速度继电器

请对照表 7.2 所列 JY1 系列速度继电器的识别与检测方法，识别 JY1 系列速度继电器的型号、接线柱，检测速度继电器的质量，完成表 7.3。

表7.2   速度继电器的识别与检测方法

序号	任务	操作要点
1	识读速度继电器的型号	速度继电器的型号标注在端盖的铭牌上
2	找到设定值调节螺钉	打开端盖，找到穿有弹簧的螺钉
3	找到2对常闭触点的接线端子	打开端盖，调节螺钉旁的端子分别为正、反转公共接线端子，另外4
4	找到2对常开触点的接线端子	个分别为正、反转常开、常闭触点
5	观察触点动作	正向旋转KS，只有一组触点动作；反向旋转KS，另有一组触点动作
6	识读速度继电器参数	速度继电器参数标注在端盖的铭牌上
7	检测2对常闭触点的接线端子好坏	将万用表置于 R×1Ω 挡，欧姆调零后，将两表笔分别搭接在触点两端。旋转KS，转速小于150 r/min 时，阻值约为0；转速大于150 r/min 时，阻值约为∞
8	检测2对常开触点的接线端子好坏	将万用表置于 R×1Ω 挡，欧姆调零后，将两表笔分别搭接在触点两端。旋转KS，转速小于150 r/min 时，阻值约为∞；转速大于150 r/min 时，阻值约为0

表7.3   速度继电器的识别与检测操作记录

序号	任务	操作记录
1	识读速度继电器的型号	速度继电器的的型号为_____
2	找到设定值调节螺钉	改变螺钉长短，KS 的动作值、返回值将_____（改变或不变）
3	找到2对常闭触点的接线端子	打开端盖，接线端子有____个
4	找到2对常开触点的接线端子	
5	观察触点动作	正向旋转 KS，有____组触点动作；反向旋转 KS，另有___组触点动作
6	识读速度继电器线圈参数	速度继电器线圈的额定电流为_____，额定电压为_____，额定转速为___
7	检测2对常闭触点的接线端子好坏	将万用表置于_____挡。经检测，旋转 KS，转速小于150 r/min 时，阻值约为_____；转速大于150 r/min 时，阻值约为_____，常闭触点质量_____（合格或不合格）
8	检测2对常开触点的接线端子好坏	将万用表置于_____挡。经检测，旋转 KS，转速小于150 r/min 时，阻值约为_____；转速大于150 r/min 时，阻值约为_____，常闭触点质量_____（合格或不合格）

任务评议

请将"速度继电器识别与检测"实训评分填入"元器件识别与检测实训评分表"。

任务拓展

• 拓展1   固态继电器

固态继电器（SSR）又叫半导体继电器，是由半导体器件组成的继电器。它是由微电子电路、分立电子器件、电力电子功率器件组成的无触点开关，用隔离器件实现了控制端与负载端的隔离。固态继电器的输入端用微小的控制信号，达到直接驱动大电流负载，具有相当于电磁继电器的功能。图7.4所示是常见的固态继电器。

与电磁继电器相比，固态继电器具有工作可靠、寿命长、抗干扰能力强、开关速度快、能与逻辑电路兼容、对外干扰小、使用方便等一系列优点，并可进一步扩展到传统电磁继电器无法应用的领域，如计算机外围接口装置、恒温器和电阻炉控制、交流电机控制、中间继电器和电磁阀控制、复印机和全自动洗衣机控制、信号灯交通灯和闪烁器控制、照明和舞台灯光控制、数控机械遥控系统、自动消防和保安系统、大功率可控硅触发和工业自动化装置等。在自动控制装置中，固态继电器正在逐步取代电磁式继电器。

● **拓展 2　速度继电器的安装**

（1）速度继电器的转轴应与电动机同轴连接。

图 7.4　固态继电器

（2）速度继电器安装接线时，正反向的触点不能接错，否则不能起到反接制动时接通及断开反向电源的作用。

（3）金属外壳应可靠接地。

任务二　三相笼型异步电动机单向反接制动控制线路安装与调试

任务描述

● **任务内容**

安装三相笼型异步电动机单向反接制动控制线路，并通电调试。

● **任务目标**

◎ 能说出三相笼型异步电动机单向反接制动控制线路的操作过程和工作原理。

◎ 能列出三相笼型异步电动机单向反接制动控制线路的元器件清单。

◎ 会安装和调试三相笼型异步电动机单向反接制动启动控制线路。

任务操作

● **读一读　识读电气控制原理图**

（1）常用的三相笼型异步电动机单向反接制动控制线路如图 7.5 所示。图 7.5 中，KM1 为正转运行接触器，KM2 为反接制动接触器，速度继电器 KS 与电动机 M 用虚线相连表示同轴。主电路和正反转控制的主电路基本相同，只是在 KM2 的主触点支路中串联了 3 个限流电阻 R。单向反接制动控制线路元件明细表见表 7.4。

　　　　反接制动制动力强，制动迅速，但制动准确性差，制动过程中冲击强烈，易损坏传动零件，制动能量消耗大，不宜经常制动。因此，反接制动一般用于制动要求迅速、制动惯性较大、不经常启动与制动的场合，如中型车床、铣床、镗床等主轴的制动控制。

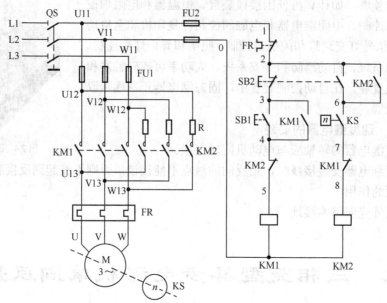

图 7.5　三相笼型异步电动机单向反接制动控制线路

表 7.4　　　　　　　　三相笼型异步电动机单向反接制动控制线路元件明细表

序号	电路	元件符号	元件名称	功能	备注
1	电源电路	QS	电源开关	电源引入	
2		FU1	主电路熔断器	主电路短路保护	
3		KM1	交流接触器主触点	控制电动机单向运行	
4		KM2	交流接触器主触点	控制电动机反接制动	KM1 与 KM2 联锁
5	主电路	R	限流电阻	反接制动时限流	
6		FR	热继电器热元件	电动机过载保护	
7		M	三相笼型异步电动机	生产机械动力	
8		KS	速度继电器	控制反接制动速度	
9		FU2	控制电路熔断器	控制电路短路保护	公共支路
10		FR	热继电器常闭触点	电动机过载保护	
11		SB1	启动按钮	启动	
12		SB2	停止按钮	停车	单向运行控制支路，KM1 与 KM2 联锁
13	控制电路	KM1	KM1 辅助常开触点	自锁	
14		KM2	KM2 辅助常闭触点	联锁保护	
15		KM1	KM1 线圈	控制 KM1 的吸合与释放	
16		KM2	KM2 辅助常开触点	自锁	反接制动控制支路，KM1 与 KM2 联锁
17		KS	速度继电器常开触点	控制反接制动速度	
18		KM1	KM1 辅助常闭触点	联锁保护	
19		KM2	KM2 线圈	控制 KM2 的吸合与释放	

（2）操作过程和工作原理。三相笼型异步电动机反接制动控制线路的操作过程和工作原理如下。

合上电源开关 QS。

① 单向启动。

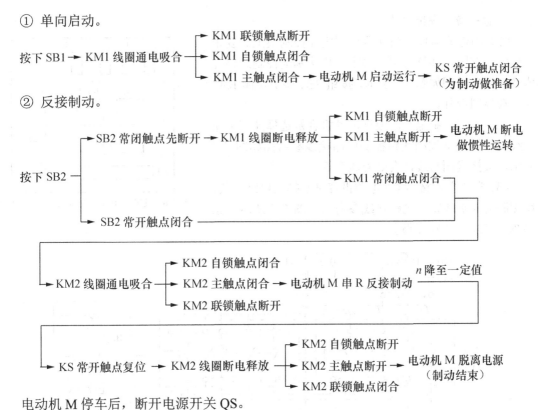

② 反接制动。

电动机 M 停车后，断开电源开关 QS。

- 列一列　列出元器件清单

请根据学校实际，将安装三相笼型异步电动机反接制动控制线路所需的元器件及导线的型号、规格和数量填入表 7.5 中，并检测元器件的质量。

表 7.5　　　　　三相笼型异步电动机反接制动控制元器件及导线明细表

序　号	名　称	代　号	型　号	规　格	数　量
1	三相异步电动机	M	Y112M-4		
2	组合开关				
3	按钮				
4	主电路熔断器				
5	控制电路熔断器				
6	交流接触器				
7	热继电器				
8	制动电阻				
9	速度继电器				
10	接线端子				
11	主电路导线				
12	辅助电路导线				
13	按钮导线				
14	接地导线				

● 做一做　安装线路

（1）固定元器件。将元器件固定在控制板上。要求元件安装牢固，并符合工艺要求。反接制动控制线路元器件布置参考图如图7.6所示，按钮SB、限流电阻R可安装在控制板外。

（2）安装控制电路。根据电动机容量选择控制电路导线。反接制动控制线路控制电路接线参考图如图7.7所示，按接线图布线，套好号码套管。

（3）安装主电路。根据电动机容量选择主电路导线。反接制动控制线路主电路接线参考图如图7.7所示，按接线图布线，套好号码套管。

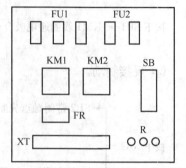

图7.6　反接制动控制线路元器件布置参考图

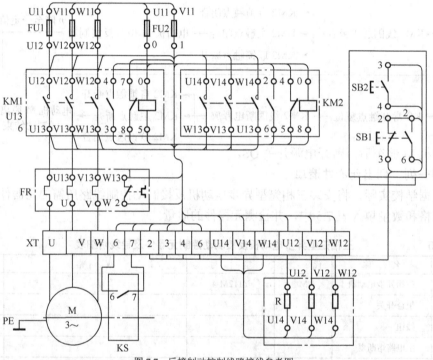

图7.7　反接制动控制线路接线参考图

● 测一测　检测线路

（1）接线检查。按电路图或接线图从电源端开始，逐段核对接线有无漏接、错接之处，检查导线接点是否符合要求，压接是否牢固，以免带负载运行时产生闪弧现象。

（2）万用表检测。用万用表电阻挡检查控制电路接线情况。检查时，应选用倍率适当的电阻挡，并欧姆调零。

① 控制电路接线检查。断开主电路，将万用表表笔分别搭在U11、V11线端上，万用表读数应为"∞"。

a. 启动控制检查。按下启动按钮 SB1 时，万用表读数应为接触器线圈的直流电阻值，松开 SB1，万用表读数为"∞"。

b．启动自锁检查。松开 SB1，压下 KM1 触点架，使其常开辅助触点闭合，万用表读数应为接触器线圈的直流电阻值。

c．制动控制检查。旋转 KS，按下停止按钮 SB2 时，万用表读数应为接触器线圈的直流电阻值，松开 SB1，万用表读数为"∞"。

d．制动自锁检查。松开 SB2，旋转 KS，压下 KM2 触点架，使其常开辅助触点闭合，万用表读数应为接触器线圈的直流电阻值。

e．接触器联锁检查。旋转 KS，同时压下 KM1 和 KM2 触点架，万用表读数为"∞"。

② 主电路接线检查。断开控制电路，压下接触器触点架，用万用表依次检查 U、V、W 三相接线有无开路或短路现象。

● **试一试　通电试车**

为确保人身安全，在通电试车时，要认真执行安全操作规程的有关规定，经教师检查并现场监护。

（1）调整热继电器的整定电流值。

（2）调整速度继电器的整定动作值、返回值。

（3）接通三相电源 L1、L2、L3，合上电源开关 QS，用电笔检查熔断器出线端，氖管亮说明电源接通。

（4）按下启动按钮 SB1，KM1 接触器应通电吸合，电动机连续运行。若有异常，立即停车检查。

（5）按下停止按钮 SB2，KM1 接触器应断电释放，KM2 接触器应通电吸合，电动机反转运行，到一定速度时，KM2 接触器断电释放，电动机准确停车。若有异常，立即断电检查。

（6）断开电源开关 QS，拔下电源插头。

任务评议

请将"三相笼型异步电动机反接制动控制线路安装与调试"实训评分填入"电动机电气控制线路安装与调试实训评分表"。

任务拓展

● **拓展 1　三相异步电动机制动控制**

三相异步电动机的制动方法分为机械制动和电气制动两大类。

在切断电源后，利用机械装置使三相异步电动机迅速准确地停车的制动方法称为机械制动，应用较普遍的机械制动装置有电磁抱闸和电磁离合器两种。在切断电源后，产生一个和电动机实际旋转方向相反的电磁力矩（制动力矩），使三相异步电动机迅速准确地停车的制动方法称为电气制动。常用的三相异步电动机制动方法有反接制动、能耗制动、电容制动和再生发电制动。

● **拓展 2　反接制动的基本原理**

反接制动是将运动中的电动机电源反接（即将任意两根相线接法对调），以改变电动机定子绕组的电源相序，定子绕组产生反向的旋转磁场，从而使转子受到与原旋转方向相反的制

动力矩而迅速停转。反接制动的基本原理如图 7.8 所示。

图 7.8 中要使正以 n_2 方向旋转的电动机迅速停转，可先拉开正转接法的电源开关 QS，使电动机与三相电源脱离，转子由于惯性仍按原方向旋转，然后将开关 QS 投向反接制动侧。这时由于 U、V 两相电源线对调了，产生的旋转磁场 Φ 方向与先前的相反。因此，在电动机转子中产生了与原来相反的电磁转矩，即制动转矩。依靠这个转矩，使电动机转速迅速下降而实现制动。

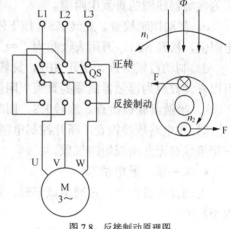

图 7.8 反接制动原理图

在这个制动过程中，当制动到转子转速接近零时，如不及时切断电源，则电动机将会反向启动。为此，必须在反接制动中，采取一定的措施，保证当电动机的转速被制动到转速接近零时切断电源，防止反向启动。在一般的反接制动控制线路中常用速度继电器来反映转速，以实现自动控制。

任务三　三相笼型异步电动机常见制动控制电气原理图识读

任务描述

- **任务内容**

识读三相笼型异步电动机常见制动控制线路原理图。

- **任务目标**

◎能说出三相笼型异步电动机常见制动控制线路的操作过程和工作原理。

◎能列出三相笼型异步电动机常见制动控制线路的元器件清单。

◎能画出三相笼型异步电动机常见制动控制线路接线图。

任务操作

- **读一读　识读电气控制原理图**

（1）能耗制动控制线路原理图识读。常见的时间继电器控制全波整流能耗控制线路如图 7.9 所示。图 7.9 中，主电路由两部分组成：三相电源 L1—L2—L3、电源开关 QS、熔断器 FU1、接触器主触点 KM1、热继电器 FR 及电动机 M 组成电动机的运行控制部分；熔断器 FU3、控制变压器 TC、桥式整流器 VC、接触器主触点 KM2、可变电阻 R 和电动机 M 组成电动机的能耗制动控制部分。整流变压器一次侧与整流器的直流侧同时切换，有利于提高触点的使用寿命。控制电路由经熔断器 FU2 作短路保护。时间继电器控制全波整流能耗制动控制线路元件明细表见表 7.6。

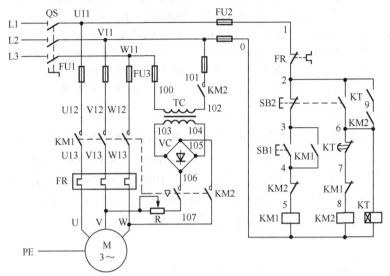

图 7.9　时间继电器控制全波整流能耗制动控制线路

表 7.6　　　　时间继电器控制全波整流能耗制动控制线路元件明细表

序　号	电　路	元件符号	元件名称	功　能	备　注
1	电源电路	QS	电源开关	电源引入	
2		FU1	主电路熔断器	主电路短路保护	电动机 M 运行控制部分
3		KM1	交流接触器主触点	控制电动机单向运行	
4		FR	热继电器热元件	电动机过载保护	
5	主电路	M	三相笼型异步电动机	生产机械动力	
6		FU3	能耗制动电路熔断器	能耗制动电路短路保护	能耗制动控制部分
7		TC	整流变压器	变压	
8		VC	单相桥式整流器	整流	
9		KM2	交流接触器主触点	控制电动机能耗制动	
10		R	可变电阻	调节直流电流	
11		FU2	控制电路熔断器	控制电路短路保护	公共支路
12		FR	热继电器常闭触点	电动机过载保护	
13		SB1	启动按钮	启动	单向运行控制支路，KM1 与 KM2 联锁
14		SB2	停止按钮	停车	
15		KM1	KM1 辅助常开触点	自锁	
16		KM2	KM2 辅助常闭触点	联锁保护	
17	控制电路	KM1	KM1 线圈	控制 KM1 的吸合与释放	
18		KT	KT 瞬时常开触点	自锁	
19		KM2	KM2 辅助常开触点	自锁	能耗制动控制支路，KM1 与 KM2 联锁
20		KT	KT 延时断开常闭触点	延时断开 KM2 线圈支路	
21		KM1	KM1 辅助常闭触点	联锁保护	
22		KM2	KM2 线圈	控制 KM2 的吸合与释放	
23		KT	KT 线圈	计时，延时动作触点	

能耗制动是在三相异步电动机脱离三相交流电源后，在定子绕组上加一个直流电源，使定子绕组产生一个静止的磁场，当电动机在惯性作用下继续旋转时会产生感应电流，该感应电流与静止磁场相互作用产生一个与电动机旋转方向相反的电磁转矩（制动转矩），使电动机迅速停转。

　　能耗制动的优点是制动准确、平稳，且能量消耗小。缺点是需附加直流电源装置，设备费用较高，制动力较弱，在低速时制动力矩小。因此，能耗制动一般用于要求直流制动准确、平稳的场合，如磨床、立式铣床等的控制线路中。

　　（2）电容制动控制线路原理图识读。电容制动自动控制线路如图 7.10 所示。图 7.10 中，主电路由两部分组成：三相电源 L1—L2—L3、电源开关 QS、熔断器 FU1、接触器主触点 KM1、热继电器 FR 及电动机 M 组成电动机的运行控制部分；接触器主触点 KM2、电阻 R1 和三组阻容（电阻 R2、电容 C）组成电容制动控制部分。控制电路由熔断器 FU2 作短路保护。时间继电器控制电容制动控制线路元件明细表见表 7.7。

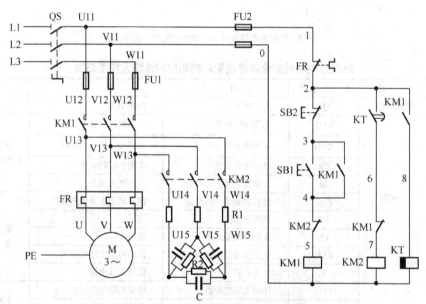

图 7.10　时间继电器控制电容制动控制线路

表 7.7　　　　　　　　时间继电器控制电容制动控制线路元件明细表

序　号	电　路	元件符号	元件名称	功　能	备　注
1	电源电路	QS	电源开关	电源引入	
2	主电路	FU1	主电路熔断器	主电路短路保护	电动机 M 运行控制部分
3		KM1	交流接触器主触点	控制电动机单向运行	
4		FR	热继电器热元件	电动机过载保护	
5		M	三相笼型异步电动机	生产机械动力	

续表

序 号	电 路	元件符号	元 件 名 称	功 能	备 注
6	主电路	KM2	交流接触器主触点	控制电动机电容制动	电容制动控制部分
7		R1	限流电阻	限制制动电流	
8		R2	制动电阻	电容制动	
9		C	制动电容		
10	控制电路	FU2	控制电路熔断器	控制电路短路保护	公共支路
11		FR	热继电器常闭触点	电动机过载保护	
12		SB1	启动按钮	启动	单向运行控制支路，KM1 与 KM2 联锁
13		SB2	停止按钮	停车	
14		KM1	KM1 辅助常开触点	自锁	
15		KM2	KM2 辅助常闭触点	联锁保护	
16		KM1	KM1 线圈	控制 KM1 的吸合与释放	
17		KT	KT 延时闭合常开触点	延时闭合 KM2 线圈支路	电容制动控制支路，KM1 与 KM2 联锁
18		KM1	KM1 辅助常闭触点	联锁保护	
19		KM2	KM2 线圈	控制 KM2 的吸合与释放	
20		KM1	KM1 辅助常开触点	控制 KT 线圈支路	
21		KT	KT 线圈	计时，延时动作触点	

提示

　　电容制动是在运行中的异步电动机切断电源后，迅速在定子绕组的端线上接入电容器而实现制动的一种方法。三组电容器可以接成星形或三角形，与定子出线端组成闭合电路（采用三角形连接制动效果较好）。其基本原理是当旋转着的电动机断开电源时，转子内仍有剩磁，转子具有惯性仍然继续转动，相当于在转子周围形成一个转子旋转磁场。这个磁场切割定子绕组，在定子绕组中产生感应电动势，通过电容器组成闭合电路，对电容器充电，在定子绕组中形成励磁电流，建立一个磁场，与转子感应电流相互作用，产生一个阻止转子旋转的制动转矩，使电动机迅速停车，完成制动过程。

　　电容制动是一种制动迅速、能量损耗小、设备简单的制动方法，一般用于 10kW 以下的小容量电动机，特别适用于存在机械摩擦和阻尼的生产机械和需要多台电动机同时制动的场合。

● 说一说　说明操作过程和工作原理

（1）三相笼型异步电动机时间继电器控制全波整流能耗制动控制线路的操作过程和工作原理如下。

合上电源开关 QS。

① 单向启动。

```
                              ┌─→ KM1 联锁触点断开 ──→ 对 KM2 联锁
按下 SB1 ──→ KM1 线圈通电吸合 ──┼─→ KM1 自锁触点闭合 ──┐
                              └─→ KM1 主触点闭合 ──→ 电动机 M 启动运行
```

② 能耗制动。

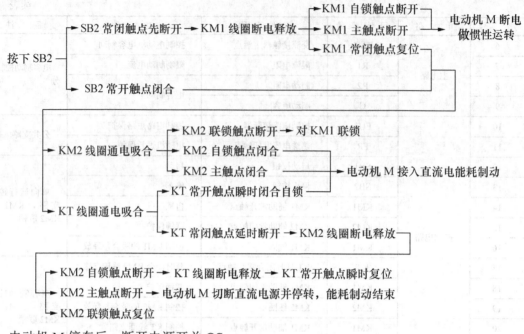

电动机 M 停车后，断开电源开关 QS。

（2）三相笼型异步电动机时间继电器控制电容制动控制线路的操作过程和工作原理如下。
合上电源开关 QS。

① 单向启动。

按下 SB1 → KM1 线圈通电吸合 →
- KM1 联锁触点断开 → 对 KM2 联锁
- KM1 自锁触点闭合 → 电动机 M 启动运行
- KM1 主触点闭合
- KM1 常开辅助触点闭合 → KT 线圈通电吸合 → KT 延时分断常开触点瞬时闭合，为 KM2 通电做准备

② 电容制动。

按下 SB2 → KM1 线圈断电释放 →
- KM1 自锁触点断开
- KM1 主触点断开 → 电动机 M 断电做惯性运转
- KM1 联锁触点复位 → KM2 线圈通电吸合 → KM2 联锁触点断开
  - KM2 主触点闭合
- KM1 常开辅助触点复位 → KT 线圈断电释放

电动机 M 接入三相电容制动

- KT 常开触点延时断开 → KM2 线圈断电释放 →
  - KM2 联锁触点复位
  - KM2 主触点断开 → 三相电容被切除

电动机 M 停车后，断开电源开关 QS。

任务评议

请将"三相笼型异步电动机常见制动控制电气原理图识读"实训评分填入"电动机控制

电气原理图识读实训评分表"。

任务拓展

● 拓展 1 能耗制动控制原理

能耗制动是指在三相笼型异步电动机脱离三相交流电源后，在定子绕组上加一个直流电源，使定子绕组产生一个静止的磁场，当电动机在惯性作用下继续旋转时会产生感应电流，该感应电流与静止磁场相互作用产生一个与电动机旋转方向相反的电磁转矩（制动转矩），使电动机迅速停转。能耗制动的基本原理如图 7.11 所示。

制动时，先断开电源开关 QS，电动机脱离三相交流电源，转子由于惯性仍按原方向旋转。这时，立即合上 SA，电动机接到直流电源上，使定子绕组产生一个静止磁场，转动的转子绕组便切割磁力线产生感应电流。按图 7.11 右图所示的磁场和转动方向，由右手定则可知：转子电流的方向上面为 $\otimes$，下面为 $\odot$。这一感应电流与静止磁场相互作用，由左手定

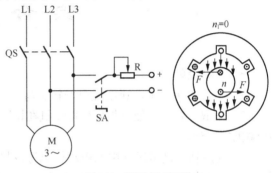

图 7.11 能耗制动原理图

则确定这个作用力 F 的方向如图 7.11 中的箭头所示。由此可知：作用力 F 在电动机转轴上形成的转矩与转子的转动方向相反，是一个制动转矩，使电动机迅速停止运转。这种制动方法，实质上是将转子原来"储存"的机械能转换成为电能，又消耗在转子的绕组上，所以称为能耗制动。

能耗制动时，制动转矩的大小与通入定子绕组的直流电流大小决定。电流越大，静止磁场越强，产生的制动转矩就越大。直流电流大小可用 R 调节，但通入的直流电流不宜过大，一般为异步电动机空载电流的 3～5 倍，否则会烧坏定子绕组。

直流电源可用半波整流、全波整流等不同电路获得。控制方式有按时间继电器控制和按速度继电器控制。无变压器单相半波整流单向启动能耗制动控制线路如图 7.12 所示，线路的工作原理与时间继电器控制全波整流能耗控制线路相似，请大家自行分析。

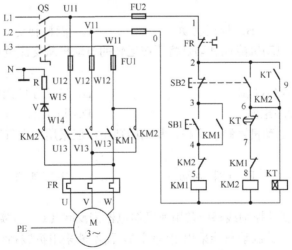

图 7.12 无变压器单相半波整流单向启动能耗制动控制线路

● **拓展2　回馈制动**

三相笼型异步电动机的电气制动方法还有回馈制动。回馈制动即发电回馈制动，当转子转速 n 超过旋转磁场转速 n_1 时，电动机进入发电机状态，向电网反馈能量，转子所受的力矩迫使转子转速下降，起到制动作用。如起重机快速下放物体时，重物拖动转子，使其转速超过 n_1 时，转子受到制动，使重物等速下降。当变速多极电动机从高速挡调到低速挡时，旋转磁场转速突然减小，而转子具有惯性，转速尚未下降时，出现回馈制动。

综　合　练　习

一、填空题

1. 在反接制动中，速度继电器转子与_____相连，其触点接在_____中。

2. 采取一定措施使三相异步电动机在切断电源后_____地停车的过程，称为三相异步电动机的制动。

3. 反接制动是将运动中的电动机电源反接，即任意_____两根相线接法，以改变电动机定子绕组的_____，定子绕组产生反向的旋转磁场，从而使转子受到与原旋转方向相反的制动力矩而迅速停车。

4. 能耗制动是在三相异步电动机切断三相交流电源后，立即在定子绕组上的任意两相中接通_____，迫使电动机迅速停车的方法。能耗制动实质上是将转子原来"储存"的机械能转换成为_____，又消耗在转子的绕组上，所以称为能耗制动。

二、选择题

1. 文字符号 KS 表示的低压电器是_____。　　　　　　　　　　　　　（　　）

A. 速度继电器　　　B. 中间继电器　　　C. 压力继电器　　D. 时间继电器

2. 将运动中的电动机电源反接，以改变电动机定子绕组的电源相序，定子绕组产生反向的旋转磁场，从而使转子受到与原旋转方向相反的制动力矩而迅速停车的控制，称为_____。　　　　　　　　　　　　　　　　　　　　　　　　　　　　　（　　）

A. 反转控制　　　　B. 反接制动　　　　C. 能耗制动　　　D. 回馈制动

3. 三相笼型异步电动机能耗制动是将正在运转的电动机从交流电源上切除后_____。
　　　　　　　　　　　　　　　　　　　　　　　　　　　　　　　　　（　　）

A. 在定子绕组中串入电阻　　　　　　　B. 在定子绕组中通入直流电流

C. 重新接入反相序电源　　　　　　　　D. 以上说法都不正确

4. 一台三相异步电动机需制动平稳、制动能耗小，应采用的电气制动方式是_____。
　　　　　　　　　　　　　　　　　　　　　　　　　　　　　　　　　（　　）

A. 反接制动　　　　B. 能耗制动　　　　C. 电容制动　　　D. 回馈制动

三、判断题

1. 在一般的反接制动控制线路中常用速度继电器来反映转速，以实现自动控制。（　　）

2. 三相异步电动机的制动只能采用电气制动，而不能采用机械制动。　　　　（　　）

3. 能耗制动时制动转矩的大小，由通入定子绕组的交流电流大小决定。　　　（　　）

四、综合题

1. 画出三相笼型异步电动机有变压器单相桥式整流单向启动能耗制动控制线路图，说明其操作过程和工作原理。

2. 同学小任安装好三相笼型异步电动机单向反接制动控制线路后，发现电动机不能反接制动，请你帮他查出故障原因。

项目八　三相异步电动机调速控制线路安装与调试

在电力拖动控制技术中，有些生产机械需要调速控制。三相异步电动机调速方法有变极调速（改变定子绕组磁极对数）、变频调速（改变电动机电源频率）和变转差率调速（定子调压调速、转子回路串电阻调速、串级调速）等方法。目前，机床设备电动机的调速方法仍以变极调速为主。双速异步电动机是变极调速中最常用的一种形式。那么，三相双速异步电动机控制线路是如何安装与调试的呢？

任务一　时间继电器控制三相双速异步电动机控制线路安装与调试

任务描述

● **任务内容**

安装时间继电器控制三相双速异步电动机控制线路，并通电调试。

● **任务目标**

◎能说出时间继电器控制三相双速异步电动机控制线路的操作过程和工作原理。

◎能列出时间继电器控制三相双速异步电动机控制线路的元器件清单。

◎会安装和调试时间继电器控制三相双速异步电动机控制线路。

任务操作

● **读一读 识读电气控制原理图**

（1）时间继电器控制三相双速异步电动机控制线路如图 8.1 所示。图 8.1 中，主电路由 3 个接触器 KM1、KM2、KM3 的主触点实现△—YY 的变换控制。接触器 KM1 的主触点闭合，电动机的三相定子绕组接成△连接；接触器 KM2、KM3 的主触点闭合，电动机的三相定子绕组接成 YY 连接。时间继电器控制三相双速异步电动机控制线路元件明细见表 8.1。

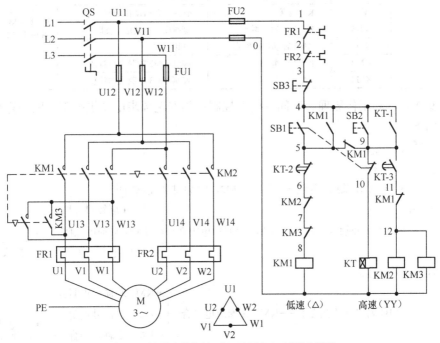

图 8.1 时间继电器控制三相双速异步电动机控制线路

表 8.1 时间继电器控制三相双速异步电动机控制线路元件明细表

序号	电路	元件符号	元 件 名 称	功 能	备 注
1	电源电路	QS	电源开关	电源引入	
2	主电路	FU1	主电路熔断器	主电路短路保护	
3		KM1	KM1 主触点	控制电动机低速运行	
4		KM2	KM2 主触点	控制电动机高速运行	KM1 与 KM2、KM3 采用联锁保护
5		KM3	KM3 主触点		
6		FR1	热继电器热元件	电动机低速运行过载保护	
7		FR2	热继电器热元件	电动机高速运行过载保护	
8		M	三相双速异步电动机	生产机械动力	

序号	电路	元件符号	元件名称	功能	备注
9		FU2	控制电路熔断器	控制电路短路保护	
10		FR1	热继电器常闭触点	电动机低速运行过载保护	公共支路
11		FR2	热继电器常闭触点	电动机高速运行过载保护	
12		SB3	停止按钮	停车	
13		SB1	低速启动按钮	低速启动	
14		KM1	KM1辅助常开触点	KM1自锁	
15		KT-2	KT延时常闭触点	延时断开低速运行支路	低速运行支路,KM1
16		KM2	KM2辅助常闭触点	联锁保护	与KM2、KM3采用联
17	控制电路	KM3	KM3辅助常闭触点	联锁保护	锁保护
18		KM1	KM1线圈	控制KM1的吸合与释放	
19		SB2	高速启动按钮	高速启动	
20		KT-1	KT瞬时常开触点	KT自锁	
21		KM1	KM1辅助常闭触点	联锁保护	
22		KT	KT线圈	计时,延时动作触点	高速运行支路,
23		KT-3	KT延时常开触点	延时闭合高速运行支路	KM2、KM3与KM1采
24		KM1	KM1辅助常闭触点	联锁保护	用联锁保护
25		KM2	KM2线圈	控制KM2的吸合与释放	
26		KM3	KM3线圈	控制KM3的吸合与释放	

（2）操作过程和工作原理。时间继电器控制三相双速异步电动机控制线路的操作过程和工作原理如下。

合上电源开关 QS。

① 低速启动运行。

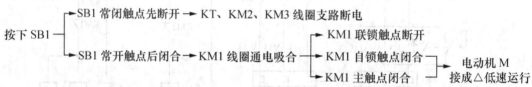

② 高速启动运行。

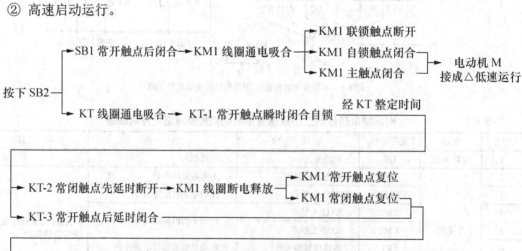

③ 停车。

按下 SB3→控制电路断电→电动机 M 断电停车

电动机 M 停车后，断开电源开关 QS。

● **列一列 列出元器件清单**

请根据学校实际，将安装时间继电器控制三相双速异步电动机控制线路所需的元器件及导线的型号、规格和数量填入表 8.2 中，并检测元器件的质量。

表 8.2 元器件及导线明细表

序号	名 称	符号	规 格 型 号	数 量	备 注
1	三相双速异步电动机				
2	组合开关				
3	按钮				
4	主电路熔断器				
5	控制电路熔断器				
6	交流接触器				
7	热继电器				
8	时间继电器				
9	接线端子				
10	主电路导线				
11	控制电路导线				
12	按钮导线				
13	接地导线				

● **做一做 安装线路**

（1）固定元器件。将元器件固定在控制板上。要求元器件安装牢固，并符合工艺要求。

（2）安装控制电路。根据电动机容量选择控制电路导线，按电气控制线路图接好控制电路，套好号码套管。

（3）安装主电路。根据电动机容量选择主电路导线，按电气控制线路图接好主电路，套好号码套管。

● **测一测 检测线路**

（1）接线检查。按电路图或接线图从电源端开始，逐段核对接线有无漏接、错接之处，检查导线接点是否符合要求，压接是否牢固，以免带负载运行时产生闪弧现象。

（2）万用表检测。用万用表电阻挡检查控制电路接线情况。检查时，应选用倍率适当的电阻挡，并欧姆调零。

① 控制电路接线检查。断开主电路，将万用表表笔分别搭在 U11、V11 线端上，万用表读数应为"∞"。

a. 低速启动运行控制检查。按下低速启动按钮 SB1 时，万用表读数应为 KM1 线圈的直流电阻值。松开 SB1，万用表读数应为"∞"。

b. KM1 自锁检查。压下 KM1 触点架，万用表读数应为 KM1 线圈的直流电阻值。

c. 高速启动运行控制检查。按下高速启动按钮 SB2 时，万用表读数应为 KT 线圈的直流电阻值。同时压下 KT-3 触点架，万用表读数应为 KT、KM2、KM3 线圈的直流电阻并联值。

d. KT-1 自锁检查。压下 KT-1 触点架，万用表读数应为 KT 线圈的直流电阻值。

e. 联锁检查。同时压下 KM1、KM2（或 KM3）触点架，万用表读数应应为"∞"。

f. 停车控制检查。按下启动按钮 SB1 或压下 KM1 触点架，万用表读数应为 KM1 线圈的直流电阻值；同时按下停止按钮 SB2，万用表读数由线圈的直流电阻值变为"∞"。

② 主电路接线检查。断开控制电路，压下接触器触点架，用万用表依次检查 U、V、W 三相接线有无开路或短路现象。

- **试一试　通电试车**

为确保人身安全，在通电试车时，要认真执行安全操作规程的有关规定，经教师检查并现场监护。

（1）调整热继电器 FR1、FR2 整定电流。

（2）调整时间继电器 KT 整定时间。

（3）接通三相电源 L1、L2、L3，合上电源开关 QS，用电笔检查熔断器出线端，氖管亮说明电源接通。

（4）按下低速启动按钮 SB1，接触器 KM1 应通电吸合，电动机低速启动运行。若有异常，立即停车检查。

（5）按下停止按钮 SB3，接触器 KM1 应断电释放，电动机惯性停车。若有异常，立即断电检查。

（6）按下高速启动按钮 SB1，接触器 KM1 应通电吸合，电动机先低速启动，时间继电器 KT 应通电吸合，经过 KT 整定时间后，接触器 KM1 应断电释放，接触器 KM2、KM3 应通电吸合，电动机高速启动运行。若有异常，立即停车检查。

（7）按下停止按钮 SB3，接触器 KM2、KM3、时间继电器 KT 应断电释放，电动机惯性停车。若有异常，立即断电检查。

（8）断开电源开关 QS，拔下电源插头。

任务评议

请将"时间继电器控制三相双速异步电动机控制线路安装与调试"实训评分填入"电动机电气控制线路安装与调试实训评分表"。

任务拓展

- **拓展 1　三相双速异步电动机定子绕组的连接**

三相双速异步电动机定子绕组的连接方法如图 8.2 所示。其中，图 8.2（a）所示为低速运行时的△接法。电动机的三相定子绕组接成△连接，三相电源线连接在接线端 U1、V1、W1，每相绕组的中点接出的接线端 U2、V2、W2 空着不接。若此时电动机磁极为 4 极，则同步转速为 1 500r/min。图 8.2（b）所示为高速运行时的 YY 接法。把电动机的绕组接线端 U1、V1、W1 连接在一起，三相电源分别接到 U2、V2、W2 三个接线端上。此时，电动机定子绕组为 YY 连接，磁极为 2 极，同步转速为 3 000r/min。

- **拓展 2　变频调速和变转差率调速**

变频调速是改变电动机的电源频率，以改变电动机同步转速的方法。变频调速需要变频装置。变转差率调速有定子调压调速、转子回路串电阻调速、串级调速等。变频调速和变转差率调速的调速性能好，但控制线路复杂，一般用在调速要求较高的场合。

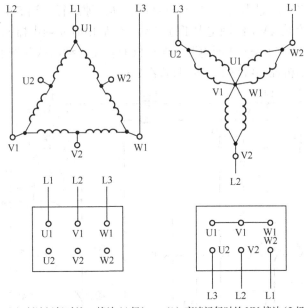

（a）低速运行时的 △ 接法（4极）　（b）高速运行时的 YY 接法（2极）

图8.2　双速异步电动机定子绕组的连接方法

任务二　三相双速异步电动机常见调速控制电气原理图识读

任务描述

- **任务内容**

识读三相双速异步电动机常见控制线路原理图。

- **任务目标**

◎能说出三相双速异步电动机常见控制线路的操作过程和工作原理。

◎能列出三相双速异步电动机常见控制线路的元器件清单。

◎会画出三相双速异步电动机常见控制线路接线图。

任务操作

- **读一读　识读电气控制原理图**

（1）转换开关控制三相双速异步电动机控制线路识读。转换开关控制三相双速异步电动机控制线路如图 8.3 所示。图 8.3 中，主电路与时间继电器控制三相双速异步电动机控制线路主电路相同。控制电路由选择开关 SA 选择低速运行或高速运行。当 SA 置于"1"位置，选择低速运行时，接通 KM1 线圈电路，电动机直接启动低速运行；当 SA 置于"2"位置，选择高速运行时，首先接通 KM1 线圈电路低速启动，然后由时间继电器 KT 自动切断 KM1 线圈电路，同时接通 KM2 和 KM3 线圈电路，电动机的转速自动由低速切换到高速。转换开关控制三相双速异步电动机控制线路元件明细见表 8.3。

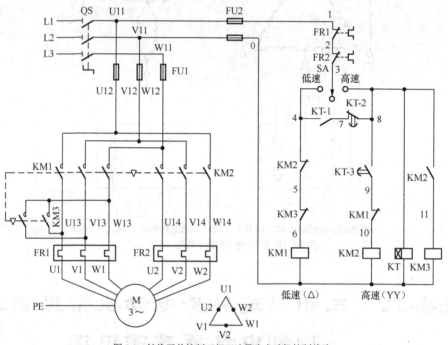

图 8.3 转换开关控制三相双速异步电动机控制线路

表 8.3　　　　　　　　转换开关控制三相双速异步电动机控制线路元件明细表

序号	电 路	元件符号	元 件 名 称	功 能	备 注
1	电源电路	QS	电源开关	电源引入	
2		FU1	主电路熔断器	主电路短路保护	
3		KM1	KM1 主触点	控制电动机低速运行	
4		KM2	KM2 主触点	控制电动机高速运行	KM1 与 KM2、KM3 采用联锁保护
5	主电路	KM3	KM3 主触点		
6		FR1	热继电器热元件	电动机低速运行过载保护	
7		FR2	热继电器热元件	电动机高速运行过载保护	
8		M	三相双速异步电动机	生产机械动力	
9		FU2	控制电路熔断器	控制电路短路保护	
10		FR1	热继电器常闭触点	电动机低速运行过载保护	公共支路
11		FR2	热继电器常闭触点	电动机高速运行过载保护	
12	控制电路	SA	转换开关	高低速控制	
13		KM2	KM2 辅助常闭触点	联锁保护	低速运行支路，KM1 与 KM2、KM3 采用联锁保护
14		KM3	KM3 辅助常闭触点	联锁保护	
15		KM1	KM1 线圈	控制 KM1 的吸合与释放	

序号	电 路	元件符号	元 件 名 称	功 能	备 注
16		KT-1	KT 瞬时常开触点	高速运行时控制低速支路	
17		KT-2	KT 延时常闭触点	延时断开低速运行支路	
18		KT-3	KT 延时常开触点	延时闭合高速运行支路	高速运行支路，KM2、KM3 与 KM1 采用联锁保护
19	控制电路	KM1	KM1 辅助常闭触点	联锁保护	
20		KM2	KM2 线圈	控制 KM2 的吸合与释放	
21		KT	KT 线圈	计时，延时动作触点	
22		KM2	KM2 常开触点	控制 KM3 支路	
23		KM3	KM3 线圈	控制 KM3 的吸合与释放	

（2）接触器控制三相双速异步电动机控制线路识读。接触器控制三相双速异步电动机控制线路如图 8.4 所示。图中，主电路由与时间继电器控制三相双速异步电动机控制线路相同。控制电路中，由 SB1、KM1 控制电动机低速运转，SB2、KM2、KM3 控制电动机高速运转。接触器控制三相双速异步电动机控制线路元件明细见表 8.4。

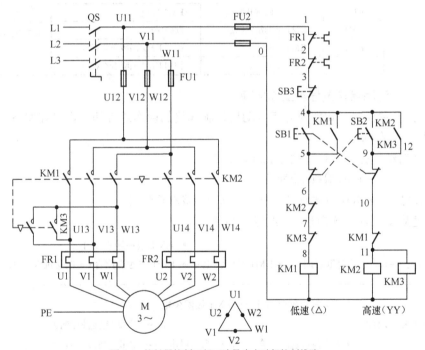

图 8.4 接触器控制三相双速异步电动机控制线路

表 8.4 　　　　　　接触器控制三相双速异步电动机控制线路元件明细表

序号	电 路	元件符号	元 件 名 称	功 能	备 注
1	电源电路	QS	电源开关	电源引入	
2		FU1	主电路熔断器	主电路短路保护	
3	主电路	KM1	KM1 主触点	控制电动机低速运行	KM1 与 KM2、KM3 采用联锁保护
4		KM2	KM2 主触点	控制电动机高速运行	
5		KM3	KM3 主触点		

续表

序号	电路	元件符号	元件名称	功能	备注
6	主电路	FR1	热继电器热元件	电动机低速运行过载保护	KM1 与 KM2、KM3 采用联锁保护
7		FR2	热继电器热元件	电动机高速运行过载保护	
8		M	三相双速异步电动机	生产机械动力	
9	控制电路	FU2	控制电路熔断器	控制电路短路保护	公共支路
10		FR1	热继电器常闭触点	电动机低速运行过载保护	
11		FR2	热继电器常闭触点	电动机高速运行过载保护	
12		SB3	停止按钮	停车	
13		SB1	启动按钮	低速启动	低速运行支路，KM1 与 KM2、KM3 采用联锁保护
14		KM1	KM1 辅助常开触点	KM1 自锁	
15		KM2	KM2 辅助常闭触点	联锁保护	
16		KM3	KM3 辅助常闭触点	联锁保护	
17		KM1	KM1 线圈	控制 KM1 的吸合与释放	
18		SB2	启动按钮	高速启动	高速运行支路，KM2、KM3 与 KM1 采用联锁保护
19		KM2	KM2 辅助常开触点	KM2 自锁	
20		KM3	KM3 辅助常开触点	KM3 自锁	
21		KM1	KM1 辅助常闭触点	联锁保护	
22		KM2	KM2 线圈	控制 KM2 的吸合与释放	
23		KM3	KM3 线圈	控制 KM3 的吸合与释放	

- **说一说　说明操作过程和工作原理**

（1）转换开关控制三相双速异步电动机控制线路的操作过程和工作原理如下。

合上电源开关 QS。

① 低速启动运行：选择开关 SA 选择低速。

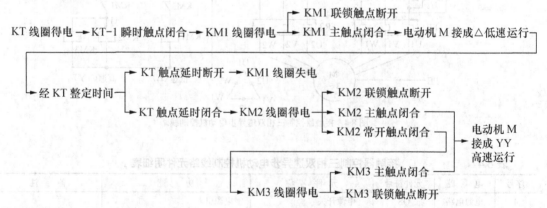

② 高速启动运行：选择开关 SA 选择高速。

③ 停车。

选择开关 SA 置中间→KM1（或 KM2、KM3）线圈失电→电动机 M 失电停车

断开电源开关 QS。

（2）接触器控制三相双速异步电动机控制线路的操作过程和工作原理。

120

合上电源开关 QS。

① 低速启动。

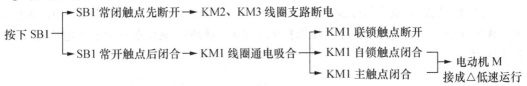

按下 SB1
- SB1 常闭触点先断开 → KM2、KM3 线圈支路断电
- SB1 常开触点后闭合 → KM1 线圈通电吸合
  - KM1 联锁触点断开
  - KM1 自锁触点闭合
  - KM1 主触点闭合 → 电动机 M 接成 △ 低速运行

② 高速运行。

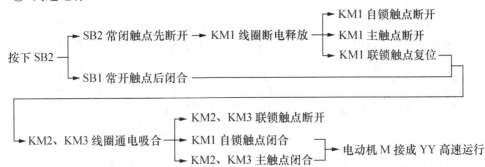

按下 SB2
- SB2 常闭触点先断开 → KM1 线圈断电释放
  - KM1 自锁触点断开
  - KM1 主触点断开
  - KM1 联锁触点复位
- SB1 常开触点后闭合

→ KM2、KM3 线圈通电吸合
- KM2、KM3 联锁触点断开
- KM1 自锁触点闭合
- KM2、KM3 主触点闭合 → 电动机 M 接成 YY 高速运行

③ 停车。

按下 SB3 → 控制电路断电 → 电动机 M 断电停车

电动机 M 停车后，断开电源开关 QS。

任务评议

请将"三相笼型异步电动机常见调速控制电气原理图识读"实训评分填入"电动机控制电气原理图识读实训评分表"。

任务拓展

● 拓展 1 变频器

调速系统是最基本的电力拖动控制系统,随着电力电子技术和微机控制技术的飞速发展,现代交流变频调速系统在电机控制系统中的应用也越来越广，交流调速传动系统在很大程度上取代了直流调速系统而上升为电气调速传动的主流。变频调速系统是应交流电动机无级调速的需要而诞生的。变频调速系统是一种以改变电动机频率和电压来达到电动机调速目的的技术。变频调速系统的核心是变频器。

变频器是利用电力半导体器件的通断作用将工频电源变换为另一频率的电能控制装置。它通过改变三相交流异步电动机定子电源的频率，改变电动机的转速。常用的变频器如图 8.5 所示。

● 拓展 2 三相三速异步电动机定子绕组的连接

三速异步电动机是在双速异步电动机基础上发展起来的。它有 2 套定子绕组，分 2 层安放在定子槽内，第一套绕组（双速）有 7 个出线端 U1、V1、W1、U3、U2、V2、W2，可作 △ 或 YY 连接；第二

图 8.5 变频器

套绕组（单速）有3个出线端U4、V4、W4，只作Y连接，如图8.6（a）所示。当分别改变2套定子绕组的连接方式（即改变磁极对数）时，电动机就可以得到3种不同的运转速度。

三速电动机定子绕组的接线方法如图8.6（b）～图8.6（d）所示。图8.6中，W1和U3出线端分开的目的是当电动机定子绕组接成Y中速运转时，避免在△接法的定子绕组中产生感生电流。

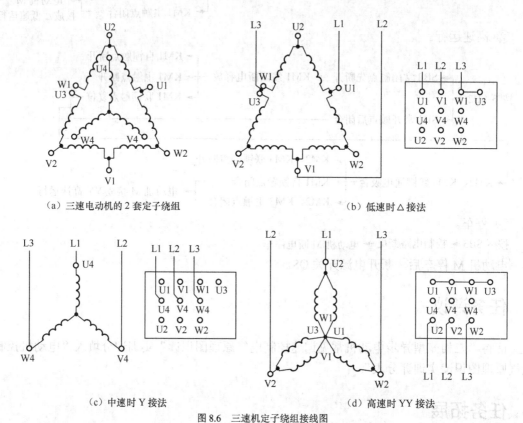

(a) 三速电动机的2套定子绕组

(b) 低速时△接法

(c) 中速时Y接法

(d) 高速时YY接法

图8.6　三速机定子绕组接线图

综 合 练 习

一、填空题

1. 三相异步电动机调速方法有_____、_____和_____等方法。目前，三相异步电动机的调速方法仍以_____调速为主。

2. 双速异步电动机低速运行时，三相定子绕组接成_____连接，同步转速为_____。

3. 双速异步电动机高速运行时，电动机的绕组接线端_____连接在一起，三相电源分别接到_____三个接线端上。

二、选择题

1. 双速异步电动机定子绕组的连接特点是_____。　　　　　　　　　　（　　）

A．低速运行时的 Y 接法，高速运行时的△接法

B．低速运行时的△接法，高速运行时的 Y 接法

C．低速运行时的 YY 接法，高速运行时的△接法

D．低速运行时的△接法，高速运行时的 YY 接法

2．双速电动机定子绕组结构如图 8.7 所示。低速运转时，定子绕组出线端的连接方式应为_____。　　　　　　　　　　　　　　　　　　　　　　　　　（　　）

A．U1、V1、W1 接三相电源，U2、V2、W2 空着不接

B．U2、V2、W2 接三相电源，U1、V1、W1 空着不接

C．U1、V1、W1 接三相电源，U2、V2、W2 并接在一起

D．U2、V2、W2 接三相电源，U1、V1、W1 并接在一起

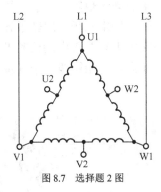

图 8.7　选择题 2 图

3．双速电动机高速运转时的理想空载转速是低速运转时的_____。　　（　　）

A．2 倍　　　　　B．$\sqrt{2}$ 倍　　　　　C．3 倍　　　　　D．$\sqrt{3}$ 倍

三、判断题

1．双速异步电动机是变频调速中最常用的一种形式。　　　　　　　　　　（　　）

2．时间继电器控制的三相异步电动机调速控制线路适用于大功率电动机，选择开关控制和按钮控制电路适用于小功率电动机。　　　　　　　　　　　　　　　　（　　）

四、综合题

1．现有三相双速电动机，按下述要求设计控制线路。

（1）分别用 2 个按钮操作电动机的高速启动与低速启动，用一个总停止按钮操作电动机停车。

（2）启动高速时，应先接成低速，然后经延时后再换接到高速。

（3）有短路保护和过载保护。

2．同学小任安装好时间继电器三相双速电动机控制线路后，发现电动机只能低速运行，不能高速运行，请你帮他查出故障原因。

*项目九 三相绕线转子异步电动机转子绕组串电阻控制线路安装与调试

在电力拖动控制技术中，对要求启动转矩较大且能平滑调速的场合，如起重设备、卷扬机械、鼓风机、压缩机和泵类等，较多采用三相绕线转子异步电动机。三相绕线转子异步电动机可以通过滑环在转子绕组中串接电阻来改善电动机的机械特性，从而达到减小启动电流、增大启动转矩及平滑调速的目的。那么，三相绕线转子异步电动机转子绕组串电阻控制线路是如何安装与调试的呢？

任务一 电流继电器识别与检测

任务描述

● 任务内容
识别电流继电器的接线柱，检测热继电器的质量。
● 任务目标
◎ 能说明电流继电器的主要用途，认识电流继电器的外形、符号和常用型号。

◎ 会查找电流继电器的主要技术参数，会按要求正确选择电流继电器。

◎ 会识别电流继电器的接线柱，检测电流继电器的质量。

任务操作

● **读一读   阅读电流继电器的使用说明**

（1）电流继电器用途和符号。电流继电器是根据通过线圈电流的大小接通或断开电路的继电器。它串联在电路中，作过电流或欠电流保护。当线圈电流高于整定值时动作的继电器称为过电流继电器，线圈电流低于整定值时动作的继电器称为欠电流继电器。常见的过电流继电器外形结构及符号如图9.1所示。

图9.1   过电流继电器的外形及符号

（2）电流继电器的型号。电流继电器的型号及意义如图9.2所示。常用的过电流继电器有JL14系列。

图9.2   电流继电器的型号及意义

● **选一选   选择电流继电器的规格**

（1）电流继电器的主要技术参数。JL14系列过电流继电器的主要技术参数见表9.1。

表9.1   JL14系列过电流继电器的主要技术参数

电流种类	型　号	线圈额定电流/A	吸合电流调整范围	触点参数				复位方式
				电压/V	电流/A	触点组合		
						常开	常闭	
直流	JL14-□□Z	1、1.5、2.5、5、10、15、25、40、60、100、150、300、600、1 200、1 500	吸合电流（70%～300%）I_N	440	5	3	3	自动
	JL14-□□ZS		吸合电流（30%～65%）I_N 或释放电流（10%～20%）I_N			2	1	手动
	JL14-□□ZQ					1	2	自动
交流	JL14-□□J		吸合电流（110%～400%）I_N	380	5	1	1	自动
	JL14-□□JS					2	2	手动
	JL14-□□J					1	1	自动

（2）电流继电器的选用。过电流继电器选用的一般原则如下。

① 保护中、小容量直流电动机和绕线转子异步电动机时，线圈的额定电流一般可按电动机长期工作的额定电流来选择；对于频繁启动的电动机，线圈的额定电流可选大一个等级。

② 过电流继电器的整定值，应考虑到动作误差，可按电动机最大工作电流的 1.7~2 倍来选用。

● 做一做　识别与检测过电流继电器

JL14 系列是一种交直流通用的新系列电流继电器，适用于交流 50Hz 电压 380V 及以下、直流电压 220V 及以下的控制电路中，作为过电流或欠电流保护之用。请对照表 9.2 所列 JL14 系列过电流继电器的识别与检测方法，识别 JL14 系列过电流继电器的型号、接线柱，检测电流继电器的质量，完成表 9.3。

表 9.2　　　　　　　　　　　　　电流继电器的识别与检测方法

序号	任务	操作要点
1	读电流继电器的铭牌	铭牌贴在电流继电器的正面
2	找到线圈的接线端子	线圈的接线端子在线圈一侧
3	找到常闭触点的接线端子	常闭触点的接线端子在触点系统侧
4	找到常开触点的接线端子	常开触点的接线端子在触点系统侧
5	检测判别常闭触点的好坏	用万用表置于 R×1Ω 挡，欧姆调零后，将两表笔分别搭接在常闭触点两端。常态时，各常闭触点的阻值约为 0；动作后，再测量阻值，阻值为 ∞
6	检测判别常开触点的好坏	万用表置于 R×1Ω 挡，欧姆调零后，将两表笔分别搭接在常开触点两端。常态时，各常开触点的阻值约为 ∞；动作后，再测量阻值，阻值为 0

表 9.3　　　　　　　　　　　　　电流继电器的识别和检测操作记录

序号	任务	操作记录
1	读电流继电器的铭牌	热继电器的型号为_____，额定电流为_____
2	找到线圈的接线端子	线圈的接线端子在_____
3	找到常闭触点的接线端子	常闭触点的接线端子在_____
4	找到常开触点的接线端子	常开触点的接线端子在_____
5	检测判别常闭触点的好坏	用万用表置于_____挡。经检测，常态时，常闭触点的阻值约为_____；动作后，阻值为_____，常闭触点质量_____（合格或不合格）
6	检测判别常开触点的好坏	用万用表置于_____挡。经检测，常态时，常开触点的阻值约为_____；动作后，阻值为_____，常开触点质量_____（合格或不合格）

任务评议

请将"电流继电器识别与检测"实训评分填入"元器件识别与检测实训评分表"。

任务拓展

● 拓展 1　过电流继电器的安装

安装过电流继电器时，需将线圈串联在主电路中，常闭触点串联在控制电路中与接触器线圈连接，起过电流保护作用。

- **拓展 2　电流继电器的分类**

电流继电器种类较多，常见继电器的分类如图 9.3 所示。

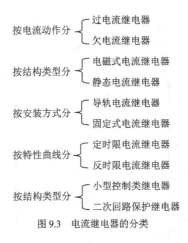

图 9.3　电流继电器的分类

任务二　电流继电器控制转子绕组串电阻控制线路安装与调试

任务描述

- **任务内容**

安装电流继电器控制转子绕组串电阻控制线路，并通电调试。

- **任务目标**

◎ 能说出电流继电器控制转子绕组串电阻控制线路的操作过程和工作原理。

◎ 能列出电流继电器控制转子绕组串电阻控制线路的元器件清单。

◎ 会安装和调试电流继电器控制转子绕组串电阻控制线路。

任务操作

- **读一读　识读电气控制原理图**

（1）电流继电器控制三相绕线转子异步电动机转子绕组串电阻控制线路如图 9.4 所示。图 9.4 中，主电路由 4 个接触器 KM、KM1、KM2、KM3 的主触点的通断配合，实现串接电阻和逐级短接电阻控制，其切换由 3 个过电流继电器完成。3 个过电流继电器 KA1、KA2、KA3 根据转子电流变化来控制 KM1、KM2、KM3 依次得电动作，逐级短接电阻。3 个过电流继电器 KA1、KA2、KA3 的线圈串接在转子回路中，它们的吸合电流都一样，但释放电流不一样，KA1 的释放电流最大，KA2 次之，KA3 最小。电流继电器控制三相绕线转子异步电动机转子绕组串电阻控制线路元件明细见表 9.4。

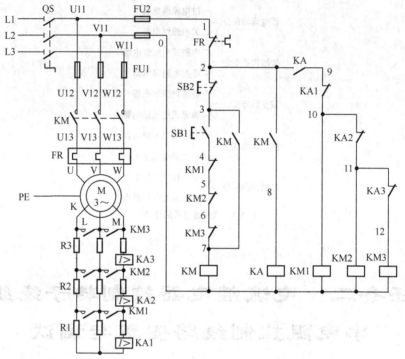

图 9.4 电流继电器控制三相绕线转子异步电动机转子绕组串电阻控制线路

表 9.4　电流继电器控制三相绕线转子异步电动机转子绕组串电阻控制线路元件明细表

序　号	电　路	元件符号	元件名称	功　能	备　注
1	电源电路	QS	电源开关	电源引入	
2		FU1	主电路熔断器	主电路短路保护	
3		KM	KM 主触点	控制电动机运行和停车	
4		KM1	KM1 主触点	控制短接电阻 R1	
5		KM2	KM2 主触点	控制短接电阻 R2	
7		KM3	KM3 主触点	控制短接电阻 R3	
8		FR	热继电器热元件	电动机过载保护	
9	主电路	KA1	过电流继电器线圈	根据转子电流变化控制 KM1	
10		KA2	过电流继电器线圈	根据转子电流变化控制 KM2	
11		KA3	过电流继电器线圈	根据转子电流变化控制 KM3	
12		R1	电阻	控制转子电流	
13		R2	电阻	控制转子电流	
14		R3	电阻	控制转子电流	
15		M	三相绕线转子异步电动机	生产机械动力	
16	控制电路	FU2	控制电路熔断器	控制电路短路保护	公共支路
17		FR	热继电器常闭触点	电动机过载保护	

续表

序 号	电 路	元件符号	元 件 名 称	功 能	备 注
18		SB2	停止按钮	停车	
19		SB1	启动按钮	启动	
20		KM1	KM1辅助常闭触点	联锁保护	串电阻启动
21		KM2	KM2辅助常闭触点	联锁保护	支路
22		KM3	KM3辅助常闭触点	联锁保护	
23		KM	KM辅助常开触点	KM自锁	
24	控制电路	KM	KM线圈	控制KM的吸合与释放	
25		KM	KM辅助常开触点	控制KA	
26		KA	KA线圈	控制KA的吸合与释放	
27		KA	KA常开触点	控制调速支路	
28		KA1	KA1常闭触点	控制KM1、KM2、KM3线圈支路	调速支路,
29		KM1	KM1线圈	控制KM1的吸合与释放	逐级短接电阻
30		KA2	KA2常闭触点	控制KM2、KM3线圈支路	
31		KM2	KM2线圈	控制KM2的吸合与释放	
32		KA3	KA2常闭触点	控制KM3线圈支路	
33		KM3	KM3线圈	控制KM3的吸合与释放	

（2）操作过程和工作原理。电流继电器控制三相绕线转子异步电动机转子绕组串电阻控制线路的操作过程和工作原理如下。

合上电源开关QS。

① 启动。

按下SB1 → KM线圈得电
→ KM常开触点闭合
→ KM主触点闭合 → 电动机M串接全部电阻降压启动
→ KM常开触点闭合 → KA线圈得电

→ KA常开触点闭合，为KM1、KM2、KM3得电做准备

刚启动时，电动机M的转子电流很大，3个过电流继电器KA1、KA2、KA3都吸合，它们接在控制电路中的常闭触点都断开，接触器KM1、KM2、KM3的线圈不能得电，接在转子电路中的常开触点都处于断开状态，全部电阻均被串接在转子绕组中。

随着电动机转速升高，转子电流逐渐减小，当减小至KA1的释放电流时，KA1释放
→ KA1常闭触点闭合 → KM1线圈得电 → KM1主触点闭合 → 切除电阻R1，电动机M串R2、R3继续启动
R1切除后，转子电流重新增大，但随着电动机转速的继续升高，转子电流又会减小，当减小至KA2的释放电流时，KA2释放 → KA2常闭触点恢复闭合 → KM2线圈得电 → KM2主触点闭合

→ 切除电阻R2，电动机M串R3继续启动
当转子电流减小至KA3的释放电流时，KA3释放 → KA3常闭触点恢复闭合 → KM3线圈得电

→ KM3主触点闭合 → 切除电阻R3，电动机M启动结束，全压运行

② 停车。

按下SB2 → 控制电路断电 → 电动机M断电停车

电动机 M 停车后，断开电源开关 QS。

中间继电器 KA 的作用是保证电动机在转子绕组中接入全部外加电阻的条件下才能启动。

● 列一列　列出元器件清单

请根据学校实际，将安装电流继电器控制三相绕线转子异步电动机转子绕组串电阻控制线路所需的元器件及导线的型号、规格和数量填入表 9.5 中，并检测元器件的质量。

表 9.5　　　　　　　　　　　　元器件及导线明细表

序　号	名　　称	符　　号	规 格 型 号	数　量	备　注
1	三相绕线转子异步电动机				
2	组合开关				
3	按钮				
4	主电路熔断器				
5	控制电路熔断器				
6	交流接触器				
7	热继电器				
8	过电流继电器				
9	中间继电器				
10	接线端子				
11	主电路导线				
12	控制电路导线				
13	按钮导线				
14	接地导线				

● 做一做　安装线路

（1）固定元器件。将元器件固定在控制板上。要求元器件安装牢固，并符合工艺要求。

（2）安装控制电路。根据电动机容量选择控制电路导线，按电气控制线路图接好控制电路，套好号码套管。

（3）安装主电路。根据电动机容量选择主电路导线，按电气控制线路图接好主电路，套好号码套管。

● 测一测　检测线路

（1）接线检查。按电路图或接线图从电源端开始，逐段核对接线有无漏接、错接之处，检查导线接点是否符合要求，压接是否牢固，以免带负载运行时产生闪弧现象。

（2）万用表检测。用万用表电阻挡检查控制电路接线情况。检查时，应选用倍率适当的电阻挡，并欧姆调零。

① 控制电路接线检查。断开主电路，将万用表表笔分别搭在 U11、V11 线端上，万用表读数应为"∞"。

a. 启动控制检查。按下启动按钮 SB1 时，万用表读数应为 KM 线圈的直流电阻值。松开 SB1，万用表读数应为"∞"。

b. 自锁检查。压下 KM 触点架，万用表读数应为 KM、KA 线圈的直流电阻并联值。

c. 调速控制检查。先压下 KM 触点架，根据电路图，分别压下相应的触点架，用万用表检测各电路。

d. 停车控制检查。按下启动按钮 SB1，万用表读数应为 KM 线圈的直流电阻值；同时按下停止按钮 SB2，万用表读数由线圈的直流电阻值变为"∞"。

② 主电路接线检查。断开控制电路，压下接触器触点架，用万用表依次检查 U、V、W 三相接线有无开路或短路现象。

● **试一试　通电试车**

为确保人身安全，在通电试车时，要认真执行安全操作规程的有关规定，经老师检查并现场监护。

（1）调整热继电器 FR1 整定电流。

（2）接通三相电源 L1、L2、L3，合上电源开关 QS，用电笔检查熔断器出线端，氖管亮说明电源接通。

（3）按下启动按钮 SB1，接触器 KM 应通电吸合，电动机串接全部电阻启动运行；经过一定时间后，KA1 动作，接触器 KM1 应通电吸合，切除电阻 R1，电动机串接 R2、R3 继续启动；再经过一定时间后，KA2 动作，接触器 KM2 应通电吸合，切除电阻 R2，电动机串接 R3 继续启动；再经过一定时间后，KA3 动作，接触器 KM3 应通电吸合，切除电阻 R3，电动机启动结束，全压运行。

（4）按下停止按钮 SB2，接触器应断电释放，电动机惯性停车。若有异常，立即断电检查。

（5）断开电源开关 QS，拔下电源插头。

任务评议

请将"电流继电器控制三相绕线转子异步电动机转子绕组串电阻控制线路安装与调试"实训评分填入"电动机电气控制线路安装与调试实训评分表"。

任务拓展

● **拓展 1　三相绕线转子异步电动机启动控制**

串接在三相转子绕组中的启动电阻一般接成 Y 形。三相绕线转子异步电动机启动时，在转子回路中接入分级切换的三相启动电阻，以减小启动电流，获得较大的启动转矩。随着电动机转速的升高，启动电阻逐级短接。启动完毕后，启动电阻全部短接，电动机在额定状态下运行。实现这种切换可以用时间继电器控制，也可以用电流继电器控制。

如果电动机要调速，则将电阻调到相应的位置，这时电阻便再成为调速电阻。

● **拓展 2　三相对称电阻器与三相不对称电阻器**

三相绕线转子异步电动机转子串接的三相电阻可分为三相对称电阻器与三相不对称电阻器。

电动机转子绕组中串接的外加电阻在每段切除前和切除后，三相电阻始终是对称的，称为三相对称电阻器，如图 9.5（a）所示。启动过程依次切除 R1、R2、R3，最后全部电阻被切除。如启动时串入的全部电阻是不对称的，而每段切除后仍不对称，称为三相不对称电阻器，如图 9.6（b）所示。启动过程依次切除 R1、R2、R3、R4，最后全部电阻被切除。

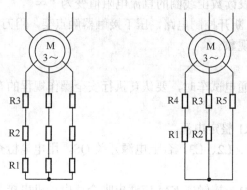

（a）转子串接三相对称电阻器　　（b）转子串接三相不对称电阻器

图 9.5　转子串接三相电阻

● 拓展 3　时间继电器控制转子绕组串电阻控制线路

时间继电器控制三相绕线转子异步电动机串电阻控制线路如图 9.6 所示。图 9.6 中，主电路由 4 个接触器 KM、KM1、KM2、KM3 的主触点的通断配合，实现串接电阻和逐级短接电阻控制，其切换由控制电路的时间继电器定时自动完成。

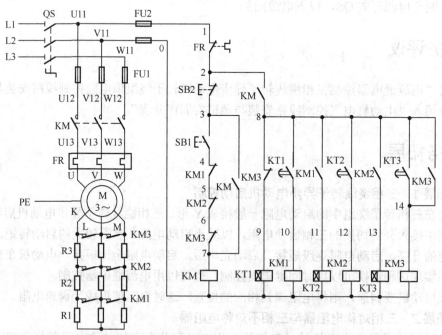

图 9.6　时间继电器控制三相绕线转子异步电动机串电阻控制线路

电路的操作过程和工作原理如下。

合上电源开关 QS。

（1）启动。

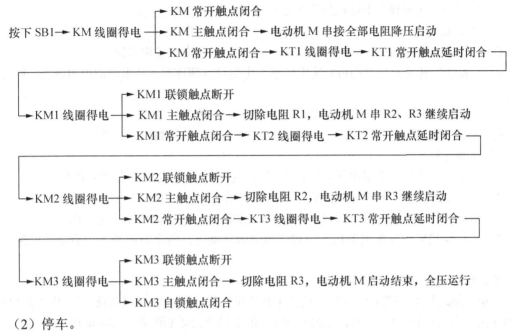

（2）停车。

按下 SB2 → 控制电路失电 → KM 线圈失电 → 电动机 M 失电停车

与启动按钮 SB1 串联的接触器 KM1、KM2、KM3 常闭触点是为了保证电动机在转子绕组中接入全部外加电阻的条件下才能启动。

综 合 练 习

一、填空题

1. 电流继电器是根据通过线圈_____的大小接通或断开电路的继电器。它_____在电路中，作过电流或欠电流保护。

2. 三相绕线转子异步电动机启动过程中，启动电阻逐级短接切换可以用_____、_____等控制。

3. 三相绕线转子异步电动机启动时，在转子回路中接入分级切换的_____，以减小_____，获得较大的启动转矩。

4. 三相绕线转子异步电动机启动控制中，随着电动机转速的升高，启动电阻_____。启动完毕后，启动电阻_____，电动机在额定状态下运行。

二、选择题

1. 线圈电流高于整定值时动作的继电器叫做_____。　　　　　　　　（　　）

A．欠电压继电器　　B．过电压继电器　　C．欠电流继电器　　D．过电流继电器

2. 转子绕组串电阻启动适用于_____。　　　　　　　　　　　　　　（　　）

A．鼠笼式异步电动机　　　　　　　　B．绕线转子异步电动机

C. 并励直流电动机　　　　　　　　　D. 串励直流电动机

3. 三相绕线转子异步电动机转子串电阻调速，属于_____。（　　）

A. 变频调速　　　　　　　　　　　　B. 变极调速

C. 改变端电压调速　　　　　　　　　D. 改变转差率调速

4. 三相绕线转子异步电动机，采用转子串电阻进行调速时，其串联的电阻越大，则转速
_____。（　　）

A. 越低　　　　　　　　　　　　　　B. 越高

C. 不随电阻变化　　　　　　　　　　D. 需进行测量才知道

三、判断题

1. 串接在三相转子绕组中的电阻，既可作为启动电阻，也可作为调速电阻。（　　）

2. 三相绕线转子异步电动机的启动方法，常采用 Y—△降压启动。（　　）

3. 串接在三相转子绕组中的启动电阻，可以接成 Y 形，也可以接成△形。（　　）

4. 三相绕线转子异步电动机采用转子串电阻启动时，所串电阻越大，启动转矩越大。
（　　）

四、综合题

某电力拖动控制系统采用三相绕线转子异步电动机拖动，该异步电动机采用串电阻启动，主电路由 4 个接触器 KM、KM1、KM2、KM3 的主触点的通断配合，实现串接电阻和逐级短接电阻控制，其切换由 3 个过电流继电器完成。3 个过电流继电器 KA1、KA2、KA3 根据转子电流变化来控制 KM1、KM2、KM3 依次得电动作，逐级短接电阻，SB1、SB2 分别为启动、停止按钮。根据上述工作原理，回答下列问题。

1. 请根据控制要求，补画图 9.7 中缺少的元件及电路连线，使电路具有完善的保护功能。

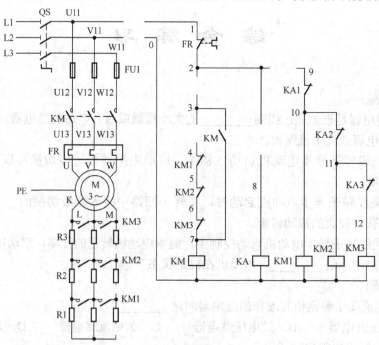

图 9.7　综合题 1 图

2. 说明线路的控制过程。

*项目十 三相绕线转子异步电动机转子绕组串频敏变阻器控制线路安装与调试

在电力拖动控制技术中，三相绕线转子异步电动机转子绕组串电阻的启动方法一般需要较多的启动级数，所用电器较多，控制线路复杂。同时，由于逐级切除电阻，会产生一定的机械冲击力。因此，在不频繁启动设备中，广泛采用频敏变阻器代替启动电阻，实现绕线转子异步电动机的启动。那么，三相绕线转子异步电动机转子绕组串频敏变阻器控制线路是如何安装与调试的呢？

任务一 频敏变阻器识别与检测

任务描述

● 任务内容

识别频敏变阻器的接线柱，检测频敏变阻器的质量。

● 任务目标

◎ 能说明频敏变阻器的主要用途，认识频敏变阻器的外形、符号和常用型号。

◎ 会查找频敏变阻器的主要技术参数，会按要求正确选择频敏变阻器。

◎ 会识别频敏变阻器的接线柱，检测频敏变阻器的质量。

任务操作

● **读一读** 阅读频敏变阻器的使用说明

（1）频敏变阻器的用途和符号。频敏变阻器是一种利用铁磁材料的损耗随频率变化来自动改变等效阻值的低压电器。频敏变阻器能使电动机实现平滑启动，主要用于绕线转子回路作为启动电阻，实现电动机的平稳无级启动。常见的频敏变阻器有 BP 系列，主要由铁心和绕组两部分组成，其实物、结构与符号如图 10.1 所示。

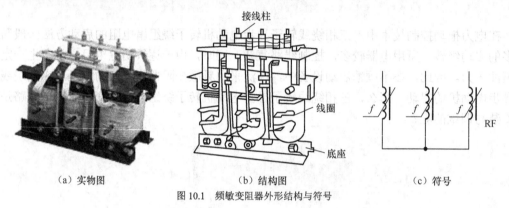

| (a) 实物图 | (b) 结构图 | (c) 符号 |

图 10.1　频敏变阻器外形结构与符号

（2）频敏变阻器的型号。频敏变阻器的型号及意义如图 10.2 所示。常用的频敏变阻器有 BP1、BP2 系列。

图 10.2　频敏变阻器的型号及意义

● **选一选** 选择频敏变阻器的规格

（1）频敏变阻器的主要技术参数。BP1 系列偶尔启动用频敏变阻器系列的主要技术参数见表 10.1。

表 10.1　　　　　　　　BP1 系列偶尔启动用频敏变阻器系列的主要技术参数

轻载启动用		重载启动用		重载启动用		电动机	
型号	组数及接法	型号	组数及接法	型号	组数及接法	P_N/kW	I_{2N}/A
		BP1—205/10005	1 组	BP1—205/8006	1 组		51～63
		BP1—205/8006	1 组	BP1—205/6308	1 组		64～80
		BP1—205/6308	1 组	BP1—205/5010	1 组	22～28	81～100
		BP1—205/5010	1 组	BP1—205/4012	1 组		101～125
		BP1—206/10005	1 组	BP1—206/8006	1 组		51～63
		BP1—206/8006	1 组	BP1—206/6308	1 组		64～80
		BP1—206/6308	1 组	BP1—206/5010	1 组	29～35	81～100
		BP1—206/5010	1 组	BP1—206/4012	1 组		101～125

续表

轻载启动用		重载启动用		重载启动用		电动机	
型号	组数及接法	型号	组数及接法	型号	组数及接法	P_N/kW	I_{2N}/A
BP1—204/16003	1组	BP1—208/10005	1组	BP1—208/8006	1组		51～63
BP1—204/12540	1组	BP1—208/8006	1组	BP1—208/6308	1组	36～45	64～80
BP1—204/10005	1组	BP1—208/6308	1组	BP1—208/5010	1组		81～100
BP1—204/8006	1组	BP1—208/5010	1组	BP1—208/4012	1组		101～125
BP1—205/12540	1组	BP1—210/8006	1组	BP1—210/6308	1组		64～80
BP1—205/10005	1组	BP1—210/6308	1组	BP1—210/5010	1组	46～55	81～100
BP1—205/8006	1组	BP1—210/5010	1组	BP1—210/4012	1组		101～125
BP1—205/6308	1组	BP1—210/4012	1组	BP1—210/3216	1组		125～160
BP1—206/6308	1组	BP1—212/4012	1组	BP1—212/3216	1组		126～160
BP1—206/5010	1组	BP1—212/3216	1组	BP1—212/2520	1组	56～70	161～200
BP1—206/4012	1组	BP1—212/2520	1组	BP1—212/2025	1组		201～250
BP1—206/3216	1组	BP1—212/2025	1组	BP1—212/1632	1组		251～315
BP1—208/5010	1组	BP1—305/5016	1组	BP1—305/4020	1组		161～200
BP1—208/4012	1组	BP1—305/4020	1组	BP1—305/3225	1组	71～90	201～250
BP1—208/3216	1组	BP1—305/3225	1组	BP1—305/2532	1组		251～315
BP1—208/2520	1组	BP1—305/2532	1组	BP1—305/2040	1组		316～400

（2）频敏变阻器的选用。频敏变阻器选用的一般原则如下。

① 根据电动机所拖动的生产机械的启动负载特性和操作频繁程度，选择频敏变阻器。常用的频敏变阻器有 BP1、BP2、BP3、BP4 和 BP6 等系列，每一系列有其特定用途，各系列用途详见表 10.2。

表 10.2　　　　　　　　　　各系列频敏变阻器选用场合

频繁程度	轻　载	重　载
偶尔	BP1、BP2、BP4	BP4G、BP6
频繁	BP3、BP1、BP2	

② 按电动机功率选择频敏变阻器的规格。

● 做一做　识别与检测频敏变阻器

请对照表 10.3 所列 BP1 系列频敏变阻器的识别与检测方法，识别 BP1 系列频敏变阻器的型号、接线柱，检测频敏变阻器的质量，完成表 10.4。

表 10.3　　　　　　　　　　频敏变阻器的识别与检测方法

序　号	任　　务	操 作 要 点
1	识读频敏变阻器的铭牌	铭牌贴在频敏变阻器的正面
2	找到频敏变阻器的接线端子	三组接线端子在频敏变阻器的正面
3	检测频敏变阻器	用万用表置于合适的电阻挡，欧姆调零后，将两表笔分别搭接在接线端子两端。常态时，阻值约为直流电阻值

表 10.4　　　　　　　　　　频敏变阻器的识别和检测操作记录

序　号	任　　务	操 作 记 录
1	识读频敏变阻器的铭牌	频敏变阻器的型号为_____
2	找到频敏变阻器的接线端子	三组接线端子在频敏变阻器的_____
3	检测频敏变阻器	用万用表置于合适的电阻挡，欧姆调零后，将两表笔分别搭接在接线端子两端。常态时，阻值约为_____，质量_____（合格或不合格）

任务评议

请将"频敏变阻器识别与检测"实训评分填入"元器件识别与检测实训评分表"。

任务拓展

- **拓展 1　频敏变阻器的安装**

频敏变阻器的安装和维护应注意以下几点。

（1）频敏变阻器应牢固固定在基座上。当基座为铁磁物质时应在中间垫入 10mm 以上的非磁性垫片，以防影响频敏变阻器的特性，同时变阻器还应可靠接地。

（2）连接线应按电动机转子额定电流选用相应截面的电缆线。

（3）试车前，应先测量对地绝缘电阻，如阻值小于 1MΩ，则须先进行烘干处理后方可使用。

（4）试车时，如发现启动转矩或启动电流过大或过小，应对频敏变阻器进行调整。

（5）定期清除尘垢，并检查线圈的绝缘电阻。

- **拓展 2　凸轮控制器**

凸轮控制器是一种利用凸轮来操作动触点动作的控制电器，主要用于容量小于 30kW 的中小型绕线转子异步电动机的控制线路中，控制电动机的启动、停止、调速、反转和制动，广泛应用于桥式起重机。

常见的凸轮控制器有 KTJ1、KTJ12 系列。凸轮控制器主要由手柄（手轮）、触点系统、转轴、凸轮和外壳等部分组成，其外形与结构如图 10.3 所示。

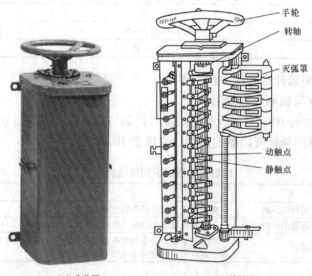

（a）实物图　　　　　　（b）结构图

图 10.3　凸轮控制器的实物与结构图

凸轮控制器触点分合情况，通常使用触点分合表来表示，KTJ1-50/1 型凸轮控制器的触点分合表如图 10.4 所示。

凸轮控制器在选用时主要根据所控制电动机的容量、额定电压、额定电流、工作制和控制位置数目等，可查阅相关技术手册。

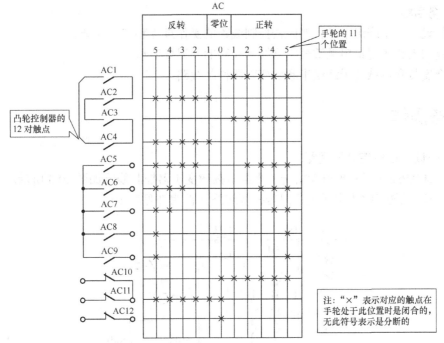

图 10.4　KTJ1-50/1 型凸轮控制器的触点分合表

凸轮控制器的安装和维护应注意以下几点。

（1）凸轮控制器在安装前应检查外壳及零件有无损坏，并清除内部灰尘。

（2）安装前应按使用说明书中的规定数据检查触点参数，并操作控制器手柄不少于 5 次，检查有无卡阻现象。

（3）凸轮控制器必须牢固可靠地安装在墙壁或支架上，其金属外壳上的接地螺钉必须可靠接地。

（4）应按触点分合表或电路图要求接线，经反复检查，确认无误后才能通电。

（5）凸轮控制器安装结束后，应进行空载试验。

（6）启动操作时，手轮不能转动太快，应逐级启动，防止电动机的启动电路过大。

（7）凸轮控制器停止使用时，应将手轮准确地停在零位。

任务二　转子绕组串频敏变阻器控制线路安装与调试

任务描述

● 任务内容

安装转子绕组串频敏变阻器控制线路，并通电调试。

- **任务目标**
◎ 能说出转子绕组串频敏变阻器控制线路的操作过程和工作原理。
◎ 能列出转子绕组串频敏变阻器控制线路的元器件清单。
◎ 会安装和调试转子绕组串频敏变阻器控制线路。

任务操作

- **读一读 电气控制原理图**

（1）三相绕线转子异步电动机转子绕组串频敏变阻器控制线路如图 10.5 所示。三相绕线转子异步电动机转子绕组串频敏变阻器控制线路元件明细见表 10.5。

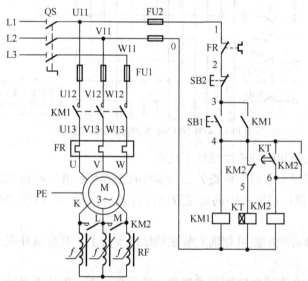

图 10.5 三相绕线转子异步电动机转子绕组串频敏变阻器控制线路

表 10.5　　三相绕线转子异步电动机转子绕组串频敏变阻器控制线路元件明细表

序　号	电　路	元件符号	元件名称	功　　能	备　注
1	电源电路	QS	电源开关	电源引入	
2	主电路	FU1	主电路熔断器	主电路短路保护	
3		KM1	KM1 主触点	控制电动机运行和停车	
4		FR	热继电器热元件	电动机过载保护	
5		RF	频敏变阻器	改变转子电流	
6		KM2	KM2 主触点	控制频敏变阻器	
7		M	三相绕线转子异步电动机	生产机械动力	
8	控制电路	FU2	控制电路熔断器	控制电路短路保护	
9		FR	热继电器常闭触点	电动机过载保护	
10		SB2	停止按钮	停车	串频敏变阻器启动支路
11		SB1	启动按钮	启动	
12		KM1	KM1 辅助常开触点	KM1 自锁	
13		KM1	KM1 线圈	控制 KM1 的吸合与释放	

续表

序 号	电 路	元件符号	元 件 名 称	功 能	备 注
14		KM2	KM2 常闭触点	联锁保护	
15		KT	KT 线圈	计时，延时动作触点	
16	控制电路	KT1	KT2 延时闭合常开触点	延时闭合 KM2 线圈支路	串频敏变阻器启动支路
17		KM2	KM2 辅助常开触点	KM2 自锁	
18		KM2	KM2 线圈	控制 KM2 的吸合与释放	

（2）操作过程和工作原理。三相绕线转子异步电动机转子绕组串频敏变阻器控制线路的操作过程和工作原理如下。

合上电源开关 QS。

① 启动。

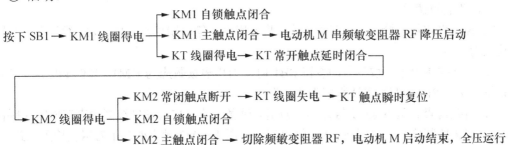

② 停车。

按下 SB2 → 控制电路失电 → 电动机 M 失电停车

● 列一列　列出元器件清单

请根据学校实际，将安装三相绕线转子异步电动机转子绕组串频敏变阻器启动控制线路所需的元器件及导线的型号、规格和数量填入表 10.6 中，并检测元器件的质量。

表 10.6　　　　　　　　　　　　元器件及导线明细表

序 号	名 称	符 号	规格型号	数 量	备 注
1	三相绕线转子异步电动机				
2	组合开关				
3	按钮				
4	主电路熔断器				
5	控制电路熔断器				
6	交流接触器				
7	热继电器				
8	时间继电器				
9	频敏变阻器				
10	接线端子				
11	主电路导线				
12	控制电路导线				
13	按钮导线				
14	接地导线				

● 做一做　线路安装

（1）固定元器件。将元器件固定在控制板上。要求元器件安装牢固，并符合工艺要求。

（2）安装控制电路。根据电动机容量选择控制电路导线，按电气控制线路图接好控制电路，套好号码套管。

（3）安装主电路。安装主电路。根据电动机容量选择主电路导线，按电气控制线路图接好主电路，套好号码套管。

● 测一测　线路检测

（1）接线检查。按电路图或接线图从电源端开始，逐段核对接线有无漏接、错接之处，检查导线接点是否符合要求，压接是否牢固，以免带负载运行时产生闪弧现象。

（2）万用表检测。用万用表电阻挡检查控制电路接线情况。检查时，应选用倍率适当的电阻挡，并欧姆调零。

① 控制电路接线检查。断开主电路，将万用表表笔分别搭在 U11、V11 线端上，万用表读数应为"∞"。

a. 启动控制检查。按下启动按钮 SB1 时，万用表读数应为 KM1、KT 线圈的直流电阻并联值。松开 SB1，万用表读数应为"∞"。

b. 自锁检查。压下 KM1 触点架，万用表读数应为 KM1、KT 线圈的直流电阻并联值。

c. 调速控制检查。先压下 KM1 触点架，再压下 KM2 触点架，用万用表检测电路。

d. 停车控制检查。按下启动按钮 SB1，万用表读数应为 KM1、KT 线圈的直流电阻并联值；同时按下停止按钮 SB2，万用表读数变为"∞"。

② 主电路接线检查。断开控制电路，压下接触器触点架，用万用表依次检查 U、V、W 三相接线有无开路或短路现象。

● 试一试　通电试车

为确保人身安全，在通电试车时，要认真执行安全操作规程的有关规定，经老师检查并现场监护。

（1）调整热继电器 FR 整定电流。

（2）调整时间继电器 KT 整定时间

（3）接通三相电源 L1、L2、L3，合上电源开关 QS，用电笔检查熔断器出线端，氖管亮说明电源接通。

（4）按下启动按钮 SB1，接触器 KM1 应通电吸合，电动机串接频敏变阻器启动运行；经过 KT 整定时间后，KT 动作，接触器 KM2 应通电吸合，切除频敏变阻器 RF，电动机全压运行。

（5）按下停止按钮 SB2，接触器应断电释放，电动机惯性停车。若有异常，立即断电检查。

（6）断开电源开关 QS，拔下电源插头。

任务评议

请将"三相绕线转子异步电动机转子绕组串频敏变阻器控制线路安装与调试"实训评分填入"电动机电气控制线路安装与调试实训评分表"。

任务拓展

● 拓展 1　转换开关控制转子绕组串频敏变阻器控制线路

转换开关控制三相绕线转子异步电动机转子绕组串频敏变阻器控制线路如图 10.6 所示。图 10.6 中，启动过程的自动控制和手动控制用转换开关 SA 实现。主电路中，TA 为电流互感器，将主电路中的大电流变换成小电流，串联接入的热继电器 FR 作过载保护，电流表 A 测量电流互感器二次侧的电流。

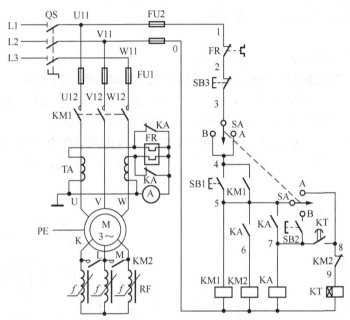

图 10.6　转换开关控制三相绕线转子异步电动机转子绕组串频敏变阻器控制线路

电路的操作过程和工作原理如下。

合上电源开关 QS。

（1）手动控制。

将转换开关扳到手动位置（B 位置），降压启动与全压运行的转换由 SB2 手动完成。

按下 SB1 → KM2 线圈得电 ┬→ KM1 自锁触点闭合
　　　　　　　　　　　　　└→ KM1 主触点闭合 → 电动机 M 串频敏变阻器 RF 降压启动

按下 SB2 → KA 线圈得电 ┬→ KA 常闭触点断开 → FR 热元件接入电路
　　　　　　　　　　　　├→ KA 自锁触点闭合
　　　　　　　　　　　　└→ KA 常开触点闭合 → KM2 线圈得电 → KM2 主触点闭合 ┐

└→ 切除频敏变阻器 RF，电动机 M 启动结束，全压运行。

（2）自动控制。

将转换开关扳到自动位置（A 位置），降压启动与全压运行的转换由时间继电器 KT 自动完成。

按下 SB1 → KM1 线圈得电 →
- KM1 自锁触点闭合
- KM1 主触点闭合 → 电动机 M 串频敏变阻器 RF 降压启动
- KT 线圈得电 → KT 常开触点延时闭合 ─┐

KA 线圈得电 →
- KA 常闭触点断开 → FR 热元件接入电路
- KA 自锁触点闭合
- KA 常开触点闭合 → KM2 线圈得电 ─┐

- KM2 常闭触点断开 → KT 线圈失电 → KT 触点瞬时复位
- KM2 主触点闭合 → 切除频敏变阻器 RF，电动机 M 启动结束，全压运行

（3）停车。

按下 SB3 → 控制电路失电 → 电动机 M 失电停车

● 拓展 2　凸轮控制器控制三相绕线式异步电动机串电阻控制线路

在容量不太大的三相绕线式异步电动机中，其启动、调速及正反转控制常常采用凸轮控制器来实现。桥式起重机、卷扬机上就采用了凸轮控制器控制线路。

凸轮控制器控制三相绕线式转子异步电动机串电阻控制线路如图 10.7 所示。AC 是凸轮控制器，它有 12 对触点，如图 10.7（b）所示。图 10.7（a）中的 12 对触点的分合状态是凸轮控制器

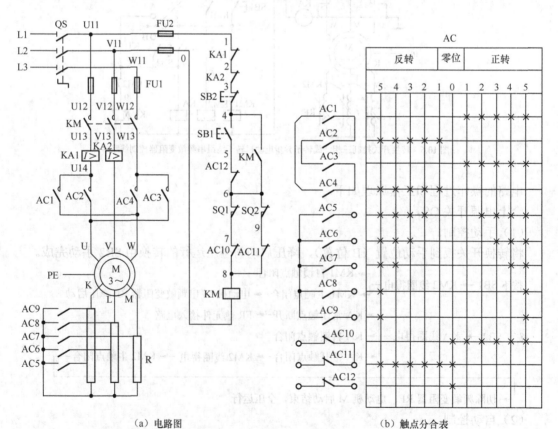

（a）电路图　　　　　　　　　　　（b）触点分合表

图 10.7　凸轮控制器控制的三相绕线式异步电动机串电阻的启动和调速控制线路

手轮处于"0"位时的情况。当手轮处于正转 1～5 挡时或反转 1～5 挡时，触点的分合状态，用"×"表示触点闭合，无此标记表示触点断开。AC 最上面的 4 对配有灭弧罩的常开触点 AC1～AC4 接在主电路中，控制电动机的正反转；中间的 5 对常开触点 AC5～AC9 与转子电阻相接，用来逐级切换电阻控制电动机的启动和调速；最下面的 3 对常闭辅助触点 AC10～AC12 都用作零位保护。

电路的操作过程和工作原理如下。

合上电源开关 QS。

（1）正转启动。

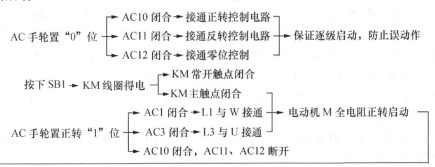

（2）反转启动。

当 AC 手轮置反转"1"～"5"位时，触点 AC2、AC4 闭合，三相电源相序改变，电动机反转；触点 AC11 闭合，接通控制电路，接触器继续工作。凸轮控制器的反向启动短接电阻的动作过程与正转类同，读者可以自行分析。

（3）停车。

将 AC 手轮置"0"位，再按下 SB2 准备下次启动。

SQ1、SQ2 分别作电动机正反转时工作机构运动的限位保护。

综 合 练 习

一、填空题

1. 频敏变阻器是一种利用_____的损耗随频率变化来自动改变_____的低压电器。

2. 三相绕线式异步电动机转子绕组串电阻的启动方法，由于逐级切除电阻，会产生一定的_____。因此，在不频繁启动设备中，广泛采用_____代替启动电阻，实现绕线转子异步电动机的启动。

3．三相绕线转子异步电动机的调速，将_____调到相应的位置即可，启动和调速控制一般用_____控制。

二、选择题

1．频敏变阻器主要用于_____。 （　　）

A．绕线转子异步电动机的启动　　　　B．绕线转子异步电动机的调速

C．笼型转子异步电动机的启动　　　　D．直流电动机的启动

2．频敏变阻器启动控制的优点是_____。 （　　）

A．启动转矩平稳，电流冲击大　　　　B．启动转矩平稳，电流冲击小

C．启动转矩大，电流冲击大　　　　　D．启动转矩小，电流冲击大

3．三相绕线转子异步电动机采用频敏变阻器启动，当启动电流及启动转矩过小时，应_____频敏变阻器匝数，以提高启动电流和启动转矩。 （　　）

A．增加　　　　　　B．减小　　　　　　C．不变　　　　　　D．取消

三、判断题

1．频敏变阻器能使电动机实现平滑启动，主要用于绕线转子回路作为启动电阻，实现电动机的平稳无级启动。 （　　）

2．三相绕线转子异步电动机在重载启动和低速运转时宜选用频繁变阻器启动。 （　　）

四、综合题

某电力拖动控制系统采用三相绕线式异步电动机拖动，该异步电动机采用串频敏变阻器启动，KM1 控制电动机的运行，KM2 实现串接频敏变阻器和短接频敏变阻器控制，其启动和运行的切换由时间继电器 KT 自动完成，SB1、SB2 分别为启动、停止按钮。根据上述工作原理，回答下列问题。

1．请根据控制要求，补画图 10.8 中缺少的元件及电路连线，使电路具有完善的保护功能。

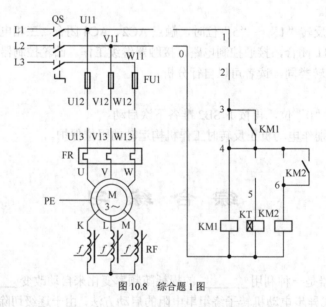

图 10.8　综合题 1 图

2．说明线路的控制过程。

模块二　直流电动机典型电气控制线路安装与调试

*项目十一　并励直流电动机典型电气控制线路安装与调试

在电力拖动控制技术中，对一些需要能够在大范围内实现无级平滑调速或需要大启动转矩的生产机械，如高精度金属切削机床、龙门刨床、轧钢机、造纸机、电气机车等，是由直流电动机来拖动的。直流电动机按励磁方式分为他励、并励、串励和复励4种。其中，并励直流电动机在实际生产中应用较广泛，且在运行性能和控制线路上与他励直流电动接近。那么，并励直流电动机典型电气控制线路是如何安装与调试的呢？

任务一　并励直流电动机单向启动控制线路安装与调试

任务描述

● 任务内容

安装并励直流电动机单向启动控制线路，并通电调试。

● **任务目标**

◎ 能说出并励直流电动机单向启动控制线路的操作过程和工作原理。

◎ 能列出并励直流电动机单向启动控制线路的元器件清单。

◎ 会安装和调试并励直流电动机单向启动控制线路。

任务操作

● **读一读　识读电气控制原理图**

（1）直流电动机常用的启动控制方法有电枢回路串联电阻启动和降低电源电压启动两种方法。并励直流电动机的启动控制常采用电枢回路串联电阻启动。并励直流电动机自动启动控制线路如图 11.1 所示。图 11.1 中，KA1 是过电流继电器，对电动机进行过载和短路保护；KA2 是欠电流继电器，作励磁绕组的失磁保护，以免励磁绕组因断线或接触不良引起"飞车"事故；电阻 R1 为电动机停车时励磁绕组的放电电阻；VD 为续流二极管，使励磁绕组正常工作时电阻 R2 上没有电流通过。并励直流电动机单向启动控制线路元件明细表见表 11.1。

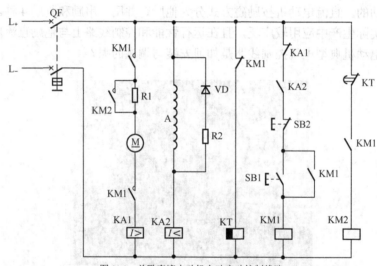

图 11.1　并励直流电动机自动启动控制线路

表 11.1　　　　　　　　并励直流电动机单向启动控制线路元件明细表

序　号	元件符号	元件名称	功　　能
1	QF	低压断路器	电源引入
2	KM1	直流接触器主触点	控制电动机的运行与停车
3	KM2	直流接触器主触点	控制切除启动电阻 R1
4	R1	启动电阻	限制启动电流
5	KA1	过电流继电器线圈	控制 KA1 的吸合与释放
6	KA2	欠电流继电器线圈	控制 KA2 的吸合与释放
7	VD	续流二极管	使励磁绕组正常工作时电阻 R2 上没有电流通过
8	R2	放电电阻	电动机停转时励磁绕组的放电
9	KM1	KM1 辅助常闭触点	KT 线圈支路联锁保护
10	KT	时间继电器线圈	计时，延时动作触点
11	KA1	过电流继电器常闭触点	过载和短路保护
12	KA2	欠电流继电器常开触点	励磁绕组的失磁保护

续表

序 号	元件符号	元 件 名 称	功 能
13	SB1	启动按钮	控制电动机启动
14	SB2	停止按钮	控制电动机停车
15	KM1	KM1 辅助常开触点	自锁
16	KM1	KM1 线圈	控制 KM1 的吸合与释放
17	KT	时间继电器延时闭合常闭触点	延时闭合 KM3 线圈支路
18	KM1	KM1 辅助常开触点	控制 KM2 线圈支路
19	KM2	KM2 线圈	控制 KM2 的吸合与释放
20	M	并励直流电动机	生产机械动力

（2）操作过程和工作原理。并励直流电动机单向启动控制线路的操作过程和工作原理如下。

① 启动。

合上低压断路器 QF ┬→ 励磁绕组 A 通电吸合
　　　　　　　　　├→ KT 线圈通电吸合 → KT 延时闭合常闭触点瞬时断开 → KM2 线圈不能通电吸合
　　　　　　　　　└→ KA2 线圈通电吸合 → KA2 常开触点闭合 ┐
　　　　　　　　　　　　　　　　　　　　　　　　　　　　　　├→ KM1 线圈通电吸合 ┐
按下 SB1 ───┘　　　　　　　　　　│
　　　│
┌───┘
├→ KM1 自锁触点闭合
├→ KM1 主触点闭合 → 电动机 M 串电阻 R1 启动
├→ KM1 常闭触点断开 → KT 线圈断电释放 → KT 延时闭合常闭触点延时闭合 ┐
└→ KM1 常开触点闭合 ───┤
　　│
┌───┘
└→ KM2 线圈通电吸合 → KM2 主触点闭合 → 切除启动电阻 R1 → 电动机 M 启动结束，全压运行

② 停车。

按下 SB2 → KM1 线圈断电释放 → 电动机 M 停车

● **列一列　列出元器件清单**

请根据学校实际，将安装并励直流电动机单向启动控制线路所需的元器件及导线的型号、规格和数量填入表 11.2 中，并检测元器件的质量。

表 11.2　　　　　　　并励直流电动机单向启动控制线路元器件及导线明细表

序 号	名 称	符 号	规 格 型 号	数 量	备 注
1	并励直流电动机				
2	断路器				
3	直流接触器				
4	欠电流继电器				
5	过电流继电器				
6	时间继电器				
7	按钮				
8	启动电阻				
9	放电电阻				
10	续流二极管				
11	接线端子				
12	连接导线				
13	按钮导线				

● 做一做　安装线路

（1）固定元器件。

（2）安装控制线路。根据电动机容量选择连接导线，并进行正确布线。低压断路器和启动电阻的安装位置要接近电动机和被拖动的机械，以便在控制时能看到电动机和被拖动的机械的运行情况。

● 测一测　检测线路

（1）接线检查。按电路图或接线图从电源端开始，逐段核对接线有无漏接、错接之处，检查导线接点是否符合要求，压接是否牢固，以免带负载运行时产生闪弧现象。

（2）万用表检测。用万用表电阻挡检查电路接线情况。检查时，应选用倍率适当的电阻挡，并欧姆调零。

● 试一试　通电试车

为确保人身安全，在通电试车时，要认真执行安全操作规程的有关规定，经教师检查并现场监护。

（1）接通直流电源，合上低压断路器 QF。

（2）按下启动按钮 SB1，接触器 KM1 和电流继电器 KA2 应通电吸合，时间继电器 KT 断电释放，电动机串电阻启动。经整定时间延时后，接触器 KM2 应通电吸合，切除电阻 R1，电动机正常运行。若有异常，立即停车检查。

（3）按下停止按钮 SB2，接触器、时间继电器和电流继电器应断电释放，电动机惯性停车。若有异常，立即断电检查。

（4）断开低压断路器 QF，拔下电源插头。

任务评议

请将"并励直流电动机单向启动控制线路安装与调试技"实训评分填入"电动机电气控制线路安装与调试实训评分表"。

任务拓展

● 拓展 1　直流电动机

直流电机是电机的主要类型之一。直流电动机具有启动转矩大、调速范围广、调速精度高、能够实现无级平滑调速、可以频繁启动等特点，对需要能够在大范围内实现无级平滑调速或需要大启动转矩的生产机械，常用直流电动机来拖动。

一台直流电机既可作为发电机使用，也可作为电动机使用。直流电机用作直流发电机可以得到直流电源；而作为直流电动机，由于其具有良好的调速性能，在许多调速性能要求较高的场合仍得到广泛使用。

直流电动机的调速范围宽广，调速特性平滑，过载能力较强，热动和制动转矩较大。由于存在换向器，其制造复杂，价格较高。

常见的 Z4 系列直流电机如图 11.2 所示。Z4 系列直流电机是最

图 11.2　Z4 系列直流电机

新产品，广泛用作各类机械的传动源，如冶金工业轧机传动、金属切削机床、造纸、印刷、纺织、印染、水泥、塑料挤出机械等。

● **拓展 2　直流电动机的励磁方式**

直流电动机的励磁方式是指主磁场产生的方式。根据主磁极绕组与电枢绕组连接方式的不同，直流电动机分为他励、并励、串励和复励电动机。

（1）他励直流电机。他励直流电机的励磁绕组与电枢绕组无连接关系，而由其他直流电源对励磁绕组供电，接线如图 11.3（a）所示。永磁直流电机也可看作他励直流电机。直流他励电动机的励磁绕组与电枢没有电的联系，励磁电路是由另外直流电源供给的。因此，励磁电流不受电枢端电压或电枢电流的影响。

（2）并励直流电机。并励直流电机的励磁绕组与电枢绕组并联，接线如图 11.3（b）所示。并励电动机的励磁绕组与电枢共用同一电源，从性能上讲与他励直流电动机相同。直流并励电动机并励绕组两端电压就是电枢两端电压，但是励磁绕组用细导线绕成，其匝数很多，因此具有较大的电阻，使得通过它的励磁电流较小。

（3）串励直流电机。串励直流电机的励磁绕组与电枢绕组串联后，再接于直流电源，接线如图 11.3（c）所示。这种直流电机的励磁电流就是电枢电流。直流串励电动机励磁绕组与电枢串联，所以这种电动机内磁场随着电枢电流的改变有显著的变化。

（4）复励直流电机。复励直流电机有并励和串励两个励磁绕组，接线如图 11.3（d）所示。若串励绕组产生的磁通势与并励绕组产生的磁通势方向相同称为积复励。若两个磁通势方向相反，则称为差复励。

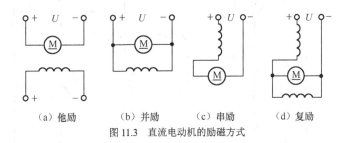

　　（a）他励　　　　（b）并励　　　　（c）串励　　　　（d）复励

图 11.3　直流电动机的励磁方式

任务二　并励直流电动机正反转
控制线路安装与调试

任务描述

● **任务内容**

安装并励直流电动机正反转控制线路，并通电调试。

● **任务目标**

◎ 能说出并励直流电动机正反转控制线路的操作过程和工作原理。

◎ 能列出并励直流电动机正反转控制线路的元器件清单。

◎ 会安装和调试并励直流电动机正反转控制线路。

任务操作

● **读一读　识读电气控制原理图**

在生产实际中，如用直流电动机拖动龙门刨床的工作台做往复运动、矿井卷扬机的上下运动等，都要求直流电动机既能正转又能反转。并励直流电动机的正反转控制常采用电枢反接方法，即保持励磁电流方向不变，只改变电枢电流方向。

（1）电路的基本组成。并励直流电动机的正反转控制线路如图 11.4 所示，并励直流电动机正反转启动控制线路元件明细表见表 11.3。

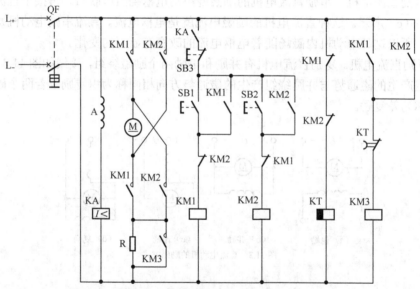

图 11.4　并励直流电动机的正反转控制线路

表 11.3　　　　　　　并励直流电动机正反转启动控制线路元件明细表

序　号	元件符号	元件名称	功　能
1	QF	低压断路器	电源引入
2	KA	欠电流继电器线圈	控制 KA 的吸合与释放
3	KM1	直流接触器主触点	控制电动机的正转
4	KM2	直流接触器主触点	控制电动机的反转
5	KM3	直流接触器主触点	控制切除启动电阻 R
6	R	启动电阻	限制启动电流
7	KA	欠电流继电器常开触点	励磁绕组的失磁保护
8	SB1	正转启动按钮	控制电动机正转启动
9	SB2	反转启动按钮	控制电动机反转启动

序 号	元件符号	元 件 名 称	功 能
10	SB3	停止按钮	控制电动机停车
11	KM1	KM1 辅助常开触点	正转自锁
12	KM2	KM2 辅助常开触点	反转自锁
13	KM1	KM1 辅助常闭触点	正反转联锁保护
14	KM2	KM2 辅助常闭触点	
15	KM1	KM1 线圈	控制 KM1 的吸合与释放
16	KM2	KM2 线圈	控制 KM2 的吸合与释放
17	KM1	KM1 辅助常闭触点	KT 线圈支路联锁保护
18	KM2	KM2 辅助常闭触点	
19	KT	时间继电器线圈	计时，延时动作触点
20	KM1	KM1 辅助常开触点	控制 KM3 线圈支路
21	KM2	KM2 辅助常开触点	
22	KT	时间继电器延时闭合常闭触点	延时闭合 KM3 线圈支路
23	KM3	KM3 线圈	控制 KM3 的吸合与释放
24	M	并励直流电动机	生产机械动力

（2）操作过程和工作原理。并励直流电动机正反转控制线路的操作过程和工作原理如下。

① 正转启动。

合上断路器 QF ┬→ 励磁绕组 A 通电吸合
　　　　　　　├→ KT 线圈通电吸合 → KT 延时闭合常闭触点瞬时断开 → KM3 线圈不能通电吸合
　　　　　　　└→ KA 线圈通电吸合 → KA 常开触点闭合 ┐
　　　　　　　　　　　　　　　　　　　　　　　　　　├→ KM1 线圈通电吸合 ┐
按下正转启动按钮 SB1 ─────────────────────────┘　　　　　　　　　　　│

├→ KM1 联锁触点断开
├→ KM1 自锁触点闭合
├→ KM1 主触点闭合 → 电动机 M 串电阻 R 正转启动
├→ KM1 常闭触点断开 → KT 线圈断电释放 → KT 延时闭合常闭触点延时闭合 ┐
├→ KM1 常开触点闭合 ┐

└→ KM3 线圈通电吸合 → KM3 主触点闭合 → 切除启动电阻 R → 电动机 M 启动结束，全压正转运行

② 反转启动。

按下反转启动按钮 SB2，反转接触器 KM2 线圈通电吸合，其余过程与正转启动相似。

③ 停车。

按下 SB3 → KM1（或 KM2）线圈断电释放 → 电动机 M 停车

由于接触器的联锁作用，为防止不能实现换向，在电动机改变转向的过程中，必须先按停止按钮 SB3，使电动机停转后，再按相应的启动按钮。

● **列一列** 列出元器件清单

请根据学校实际，将安装并励直流电动机正反转控制线路所需的元器件及导线的型号、规格和数量填入表 11.4 中，并检测元器件的质量。

表 11.4　　　　　　并励直流电动机正反转控制线路元器件及导线明细表

序　号	名　　称	符　号	规格型号	数　量	备　注
1	并励直流电动机				
2	断路器				
3	直流接触器				
4	欠电流继电器				
5	时间继电器				
6	按钮				
7	启动电阻				
8	续流二极管				
9	接线端子				
10	连接导线				
11	按钮导线				

● **做一做　安装线路**

（1）固定元器件。

（2）安装控制线路。根据电动机容量选择连接导线，并进行正确布线。低压断路器和启动电阻的安装位置要接近电动机和被拖动的机械，以便在控制时能看到电动机和被拖动的机械的运行情况。

● **测一测　线路检测**

（1）接线检查。按电路图从电源端开始，逐段核对接线有无漏接、错接之处，检查导线接点是否符合要求，压接是否牢固，以免带负载运行时产生闪弧现象。

（2）万用表检测。用万用表电阻挡检查电路接线情况。检查时，应选用倍率适当的电阻挡，并欧姆调零。

● **试一试　通电试车**

为确保人身安全，在通电试车时，要认真执行安全操作规程的有关规定，经教师检查并现场监护。

（1）接通直流电源，合上低压断路器 QF。

（2）按下正转启动按钮 SB1，接触器 KM1 和欠电流继电器 KA 应通电吸合，时间继电器 KT 断电释放，电动机串电阻 R 启动。经整定时间延时后，接触器 KM3 应通电吸合，切除电阻 R，电动机正常运行。若有异常，立即停车检查。

（3）按下停止按钮 SB3，KM1 接触器应断电释放，电动机惯性停车。若有异常，立即断电检查。

（4）按下反转启动按钮 SB2，接触器 KM2 和欠电流继电器 KA 应通电吸合，时间继电器 KT 断电释放，电动机串电阻 R 启动。经整定时间延时后，接触器 KM3 应通电吸合，切除电阻 R，电动机正常运行。若有异常，立即停车检查。

（5）按下停止按钮 SB3，KM2 接触器应断电释放，电动机惯性停车。若有异常，立即断电检查。

（6）断开低压断路器 QF，拔下电源插头。

任务评议

请将"并励直流电动正反转控制线路安装与调试"实训评分填入"电动机电气控制线路安装与调试实训评分表"。

任务拓展

● **拓展　直流电动机的反转**

直流电动机的旋转方向取决于磁场方向和电枢绕组中的电流方向。只要改变磁场方向或电枢绕组中的电流方向，电动机的转向也随之改变。因此，改变直流电动机转向的方法有以下两种。

（1）改变主磁场的方向，即将励磁绕组与直流电源的接线对调，称为励磁绕组反接法。

（2）改变电枢绕组中的电流方向，称为电枢反接法。

必须注意的是，如果同时改变主励磁的方向和电枢绕组中的电流方向，则电动机转向不变。

任务三　并励直流电动机制动
控制线路安装与调试

任务描述

● **任务内容**

安装并励直流电动机制动控制线路，并通电调试。

● **任务目标**

◎ 能说出并励直流电动机制动控制线路的操作过程和工作原理。

◎ 能列出并励直流电动机制动控制线路的元器件清单。

◎ 会安装和调试并励直流电动机制动控制线路。

任务操作

● **读一读　识读电气控制原理图**

并励直流电动机的制动控制常采用能耗制动。能耗制动是指维持直流电动机的励磁电源不变，切断正在运转的电动机电枢电源，再接入一个外加制动电阻组成回路，将机械能变为热能消耗在电枢和制动电阻上，使电动机迅速停转。

（1）电路的基本组成。并励直流电动机单向启动能耗制动控制线路如图 11.5 所示，并励直流电动机单向启动能耗制动控制线路元件明细见表 11.5。

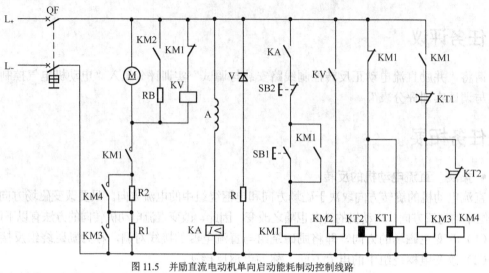

图 11.5　并励直流电动机单向启动能耗制动控制线路

表 11.5　　　　　　　　　　**并励直流电动机单向启动能耗制动控制线路元件明细表**

序 号	元件符号	元件名称	功　能
1	QF	低压断路器	电源引入
2	KM1	直流接触器主触点	控制电动机的运行
3	KM3	直流接触器主触点	控制切除启动电阻 R1
4	KM4	直流接触器主触点	控制切除启动电阻 R2
5	R1	启动电阻	限制启动电流
6	R2	启动电阻	
7	KM2	KM2 辅助常开触点	控制制动电阻 RB 的接入
8	RB	制动电阻	限制制动电流
9	KM1	KM1 辅助常闭触点	KV 线圈支路联锁保护
10	KV	电压继电器线圈	控制 KV 的吸合与释放
11	KA	欠电流继电器线圈	控制 KA 的吸合与释放
12	V	续流二极管	使励磁绕组正常工作时电阻 R 上没有电流通过
13	R	放电电阻	电动机停转时励磁绕组的放电
14	KA	欠电流继电器常开触点	励磁绕组的失磁保护
15	SB1	启动按钮	控制电动机启动
16	SB2	停止按钮	控制电动机停车
17	KM1	KM1 辅助常开触点	自锁
18	KM1	KM1 线圈	控制 KM1 的吸合与释放
19	KV	电压继电器常开触点	控制 KM2 支路
20	KM2	KM2 线圈	控制 KM2 的吸合与释放
21	KM1	KM1 辅助常闭触点	KT1、KT2 线圈支路联锁保护
22	KT1	时间继电器线圈	计时，延时动作触点
23	KT2	时间继电器线圈	
24	KM1	KM1 辅助常开触点	控制 KM2 线圈支路

续表

序 号	元件符号	元 件 名 称	功 能
25	KT1	时间继电器延时闭合常闭触点	延时闭合 KM3、KM4 线圈支路
26	KT2	时间继电器延时闭合常闭触点	延时闭合 KM4 线圈支路
27	KM3	KM3 线圈	控制 KM3 的吸合与释放
28	KM4	KM4 线圈	控制 KM4 的吸合与释放
29	M	并励直流电动机	生产机械动力

（2）操作过程和工作原理。并励直流电动机制动控制线路的操作过程和工作原理如下。

① 启动。

合上断路器 QF ┬─→ 励磁绕组 A 通电吸合
　　　　　　　├─→ KT 线圈通电吸合 ─→ KT 延时闭合常闭触点瞬时断开 ─→ KM3、KM4 线圈不能通电吸合
　　　　　　　└─→ KA 线圈通电吸合 ─→ KA 常开触点闭合 ─→ KM1 线圈通电吸合 ┐

按下 SB1 ───┘

┌─→ KM1 自锁触点闭合
├─→ KM1 主触点闭合 ─→ 电动机 M 串电阻 R1、R2 启动
├─→ KM1 常闭触点断开 ─→ KT1、KT2 线圈断电释放 ─→ KT1 延时闭合常闭触点延时闭合 ┐
└─→ KM1 常开触点闭合 ──┘

└─→ KM3 线圈通电吸合 ─→ KM3 主触点闭合 ─→ 切除启动电阻 R1 ─→ 电动机 M 串电阻 R2 继续启动

经 KT2 的整定时间后 ─→ KT2 延时闭合常闭触点延时闭合 ─→ KM4 线圈通电吸合 ─→ KM4 主触点闭合 ┐

└─→ 切除启动电阻 R2 ─→ 电动机 M 启动结束，全压运行

② 能耗制动。

按下 SB2 ─→ KM1 线圈断电释放 ┬─→ KM1 自锁触点断开
　　　　　　　　　　　　　　├─→ KM1 主触点断开 ─→ 电枢回路断电释放
　　　　　　　　　　　　　　├─→ KM1 常开触点断开 ─→ KM3、KM4 线圈断电释放
　　　　　　　　　　　　　　└─→ KM1 常闭触点闭合 ─→ KT1、KT2 线圈通电吸合 ─→ KT1、KT2 延时闭合常闭触点瞬时断开

┌─→ 由于惯性运转的电枢切割磁力线在电枢绕组中产生感应电动势 ┐

└─→ 并接在电枢两端的欠电压继电器 KV 线圈通电吸合 ─→ KV 常开触点闭合 ─→ KM2 线圈通电吸合 ┐

└─→ KM2 常开触点闭合 ─→ 制动电阻 RB 接入电枢回路 ─→ 电动机 M 开始能耗制动 ┐

└─→ 当电动机 M 转速减小 ─→ KV 线圈断电释放 ─→ KV 常开触点断开 ─→ KM2 线圈断电释放 ┐

└─→ KM2 常开触点断开 ─→ 断开制动回路，能耗制动完毕

- **列一列　列出元器件清单**

请根据学校实际，将安装并励直流电动机单向启动能耗制动控制线路所需的元器件及导线的型号、规格和数量填入表 11.6 中，并检测元器件的质量。

表 11.6　　　　并励直流电动机单向启动能耗制动控制线路元器件及导线明细表

序　号	名　　称	符　号	规　格　型　号	数　量	备　注
1	并励直流电动机				
2	断路器				
3	直流接触器				
4	欠电流继电器				
5	电压继电器				
6	时间继电器				
7	按钮				
8	启动电阻				
9	放电电阻				
10	制动电阻				
11	续流二极管				
12	接线端子				
13	连接导线				
14	按钮导线				

- **做一做　安装线路**

（1）固定元器件。

（2）安装控制线路。根据电动机容量选择连接导线，并进行正确布线。低压断路器和启动电阻的安装位置要接近电动机和被拖动的机械，以便在控制时能看到电动机和被拖动的机械的运行情况。

- **测一测　检测线路**

（1）接线检查。按电路图或接线图从电源端开始，逐段核对接线有无漏接、错接之处，检查导线接点是否符合要求，压接是否牢固，以免带负载运行时产生闪弧现象。

（2）万用表检测。用万用表电阻挡检查电路接线情况。检查时，应选用倍率适当的电阻挡，并欧姆调零。

- **试一试　通电试车**

为确保人身安全，在通电试车时，要认真执行安全操作规程的有关规定，经教师检查并现场监护。

（1）接通直流电源，合上低压断路器 QF。

（2）按下启动按钮 SB1，接触器 KM1 应通电吸合，时间继电器 KT1、KT2 断电释放，电动机串电阻 R1、R2 启动。经整定时间延时后，接触器 KM3 应通电吸合，切除电阻 R1，电动机串电阻 R2 继续启动。再经整定时间延时后，接触器 KM4 应通电吸合，切除电阻 R2，电动机正常运行。若有异常，立即停车检查。

（3）按下停止按钮 SB2，电动机能耗制动，电动机准确停车。若有异常，立即断电检查。

（4）断开低压断路器 QF，拔下电源插头。

任务评议

请将"并励直流电动机单向启动能耗制动控制线路安装与调试"实训评分填入"电动机电气控制线路安装与调试实训评分表"。

任务拓展

- **拓展　直流电动机的制动**

直流电动机的制动与三相异步电动机的制动相似，其制动方法有机械制动和电气制动两大类。机械制动的常用方法是电磁抱闸制动，电气制动的常用方法有能耗制动、反接制动、回馈制动等。

（1）能耗制动。能耗制动将电机的电枢绕组从电源上切除（磁极绕组仍接在电源上），电机靠惯性将继续转动。此时，电机已处于发电机状态运行，但并不是将电能反送回电网，而是消耗在专用电阻的发热上。

（2）反接制动。反接制动是利用改变加在电枢绕组上的电压方向或改变励磁电流的方向，从而使电磁转矩反向成为制动转矩。

（3）回馈制动。回馈制动又称再生制动或发电制动，制动时电机处于发电机状态下运行，将发出的电能反送回电网。

综 合 练 习

一、填空题

1. 直流电动机按励磁方式分为他励、_____、_____和复励 4 种。

2. 直流电动机的启动方法有_____和_____两种。

3. 直流电动机改变主磁通调速是通过改变_____的大小实现的。

二、选择题

1. 直流电动机采用电枢回路串变阻器启动时，_____。　　　　　　　（　　）

A．将启动电阻由小往大调　　　　　　　B．将启动电阻由大往小调

C．不改变启动电阻的大小　　　　　　　D．根据实际情况调整启动电阻

2. 在直流电动机拖动的电气控制线路中，电动机的励磁回路中接入的电流继电器应是_____。　　　　　　　　　　　　　　　　　　　　　　　　　　　　（　　）

A．欠电流继电器，应将其常开触点接入控制电路

B．欠电流继电器，应将其常闭触点接入控制电路

C．过电流继电器，应将其常开触点接入控制电路

D．过电流继电器，应将其常闭触点接入控制电路

3．为改变电动机的旋转方向，并励直流电动机常采用_____。 （ ）

A．电枢反接法　　　　　　　　　　　B．励磁绕组反接法

C．电枢、励磁绕组同时反接　　　　　D．断开励磁绕组，电枢绕组反接

4．将直流电动机电枢的动能变成电能消耗在电阻上，称为_____。 （ ）

A．反接制动　　　B．能耗制动　　　C．回馈制动　　　D．机械制动

5．直流电动机电枢回路串电阻调速，当电枢回路电阻增大，其转速_____。 （ ）

A．降低　　　　　　　　　　　　　　B．不变

C．升高　　　　　　　　　　　　　　D．可能升高或降低

三、判断题

1．并励直流电动机的启动控制常采用电枢回路串联电阻启动。 （ ）

2．并励直流电动机的正反转控制常采用励磁绕组反接方法，即保持电枢电流方向不变，只改变励磁电流方向。 （ ）

3．直流电动机进行能耗制动时，必须将所有电源切断。 （ ）

*项目十二　串励直流电动机典型电气控制线路安装与调试

在电力拖动控制技术中，在要求有大的启动转矩、负载变化时转速允许变化的恒功率负载的场合，如起重机、吊车、电力机车等，宜采用串励直流电动机。那么，串励直流电动机典型电气控制线路是如何安装与调试的呢？

任务一　串励直流电动机单向启动控制线路安装与调试

任务描述

- **任务内容**

安装串励直流电动机单向启动控制线路，并通电调试。

- **任务目标**

◎ 能说出串励直流电动机单向启动控制线路的操作过程和工作原理。

◎ 能列出串励直流电动机单向启动控制线路的元器件清单。

◎ 会安装和调试串励直流电动机单向启动控制线路。

任务操作

● 读一读　识读电气控制原理图

（1）电路的基本组成。串励直流电动机与并励直流电动机相似，常采用电枢回路串联启动电阻的启动方法。常见的串励直流电动机串电阻二级启动控制线路如图 12.1 所示，串励直流电动机单向启动控制线路元件明细见表 12.1。

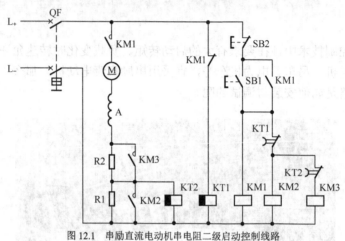

图 12.1　串励直流电动机串电阻二级启动控制线路

表 12.1　　　　　串励直流电动机串电阻二级启动控制线路元件明细表

序　号	元件符号	元件名称	功　　能
1	QF	低压断路器	电源引入
2	KM1	直流接触器主触点	控制电动机的运行与停车
3	KM2	直流接触器主触点	控制切除启动电阻 R1
4	KM3	直流接触器主触点	控制切除启动电阻 R2
5	R1	启动电阻	限制启动电流
6	R2	启动电阻	
7	KT2	时间继电器线圈	计时，延时动作触点
8	KM1	KM1 辅助常闭触点	KT1 线圈支路联锁保护
9	KT1	时间继电器线圈	计时，延时动作触点
10	SB1	启动按钮	控制电动机启动
11	SB2	停止按钮	控制电动机停车
12	KM1	KM1 辅助常开触点	自锁
13	KM1	KM1 线圈	控制 KM1 的吸合与释放
14	KT1	时间继电器延时闭合常闭触点	延时闭合 KM2、KM3 线圈支路
15	KM2	KM2 线圈	控制 KM2 的吸合与释放
16	KM3	KM3 线圈	控制 KM2 的吸合与释放
17	KT2	时间继电器延时闭合常闭触点	延时闭合 KM3 线圈支路
18	M	串励直流电动机	生产机械动力

（2）操作过程和工作原理。串励直流电动机串电阻二级启动控制线路的操作过程和工作原理如下。

① 启动。

合上断路器 QF → KT1 线圈通电吸合 → KT1 延时闭合常闭触点瞬时断开 → KM2、KM3 不能通电吸合

┌→ KT2 延时闭合常闭触点瞬时断开

按下 → KM1 线圈通电吸合 ┬→ KM1 自锁触点闭合
SB1 ├→ KM1 主触点闭合 → 电动机 M 串电阻 R1、R2 启动 → KT2 线圈通电吸合
└→ KM1 常闭触点断开 → KT1 线圈断电释放 → KT1 延时闭合的常闭触点延时闭合

├→ KM2 线圈通电吸合 → KM2 主触点闭合 → 切除启动电阻 R1 ┬→ 电动机 M 串电阻 R2 继续启动
└→ KT2 线圈短接断电释放

├→ KT2 延时闭合常闭触点延时闭合 → KM3 线圈通电吸合 → KM3 主触点闭合 → 切除启动电阻 R2

└→ 电动机 M 启动结束，全压运行

② 停车。

按下 SB2 → KM1 线圈断电释放 → 电动机 M 停车

- **列一列 列出元器件清单**

请根据学校实际，将安装串励直流电动机串电阻二级启动控制线路所需的元器件及导线的型号、规格和数量填入表 12.2 中，并检测元器件的质量。

表 12.2   **串励直流电动机串电阻二级启动控制线路元器件及导线明细表**

序 号	名 称	符 号	规 格 型 号	数 量	备 注
1	串励直流电动机				
2	断路器				
3	直流接触器				
4	时间继电器				
5	按钮				
6	启动电阻				
7	接线端子				
8	连接导线				
9	按钮导线				

- **做一做 安装线路**

（1）固定元器件。

（2）安装控制线路。根据电动机容量选择连接导线，并进行正确布线。低压断路器和启动电阻的安装位置要接近电动机和被拖动的机械，以便在控制时能看到电动机和被拖动的机械的运行情况。

- **测一测 检测线路**

（1）接线检查。按电路图或接线图从电源端开始，逐段核对接线有无漏接、错接之处，检查导线接点是否符合要求，压接是否牢固，以免带负载运行时产生闪弧现象。

（2）万用表检测。用万用表电阻挡检查电路接线情况。检查时，应选用倍率适当的电阻挡，并欧姆调零。

● **试一试　通电试车**

为确保人身安全，在通电试车时，要认真执行安全操作规程的有关规定，经教师检查并现场监护。

（1）接通直流电源，合上低压断路器 QF。

（2）按下启动按钮 SB1，接触器 KM1 应通电吸合，时间继电器 KT1、KT2 断电释放，电动机串电阻 R1、R2 启动。经整定时间延时后，接触器 KM2 应通电吸合，切除电阻 R1，电动机串电阻 R2 继续启动。再经整定时间延时后，接触器 KM3 应通电吸合，切除电阻 R2，电动机正常运行。若有异常，立即停车检查。

（3）按下停止按钮 SB2，接触器、时间继电器应断电释放，电动机惯性停车。若有异常，立即断电检查。

（4）断开低压断路器 QF，拔下电源插头。

任务评议

请将"串励直流电动机串电阻二级启动控制线路安装与调试"实训评分填入"电动机电气控制线路安装与调试实训评分表"。

任务拓展

● **拓展　直流电动机电枢回路串电阻启动原理**

并励直流电动机和串励直流电动机的串电阻启动的原理图如图 12.2 所示。按照把启动电流限制在 1.5～2.5 倍额定电流的范围来选择启动电阻大小。一般来说，150kW 以下的直流电动机启动电流可取上限，150kW 以上则取下限。在启动过程中，随着电动机转速的升高，电枢电动势也随着升高，电枢电流就相应减小，为了保持一定的加速转矩，应将启动电阻逐渐切除。

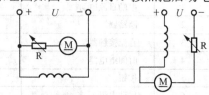

（a）并励直流电动机　　（b）串励直流电动机
图 12.2　直流电动机启动原理图

任务二　串励直流电动机正反转
控制线路安装与调试

任务描述

● **任务内容**

安装串励直流电动机正反转控制线路，并通电调试。

● **任务目标**

◎ 能说出串励直流电动机正反转控制线路的操作过程和工作原理。

◎ 能列出串励直流电动机正反转控制线路的元器件清单。

◎ 会安装和调试串励直流电动机正反转控制线路。

任务操作

● **读一读 识读电气控制原理图**

在生产实际中,串励直流电动机如内燃机车和电力机车需要正反转控制。由于串励直流电动机电枢两端的电压很高,而励磁绕组两端的电压很低,容易反接。因此,串励直流电动机的正反转控制常采用励磁绕组反接方法,即保持电枢电流方向不变,只改变励磁电流方向。

(1)电路的基本组成。串励直流电动机正反转控制线路如图 12.3 所示,串励直流电动机正反转控制线路元件明细见表 12.3。

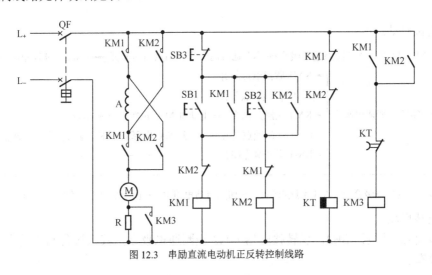

图 12.3 串励直流电动机正反转控制线路

表 12.3 串励直流电动机正反转控制线路元件明细表

序 号	元件符号	元 件 名 称	功 能
1	QF	低压断路器	电源引入
2	KM1	直流接触器主触点	控制电动机的正转
3	KM2	直流接触器主触点	控制电动机的反转
4	KM3	直流接触器主触点	控制切除启动电阻 R
5	R	启动电阻	限制启动电流
6	SB1	正转启动按钮	控制电动机正转启动
7	SB2	反转启动按钮	控制电动机反转启动
8	SB3	停止按钮	控制电动机停车
9	KM1	KM1 辅助常开触点	正转自锁
10	KM2	KM2 辅助常开触点	反转自锁

序　号	元件符号	元件名称	功　　能
11	KM1	KM1 辅助常闭触点	正反转联锁保护
12	KM2	KM2 辅助常闭触点	
13	KM1	KM1 线圈	控制 KM1 的吸合与释放
14	KM2	KM2 线圈	控制 KM2 的吸合与释放
15	KM1	KM1 辅助常闭触点	KT 线圈支路联锁保护
16	KM2	KM2 辅助常闭触点	
17	KT	时间继电器线圈	计时，延时动作触点
18	KM1	KM1 辅助常开触点	控制 KM3 线圈支路
19	KM2	KM2 辅助常开触点	
20	KT	时间继电器延时闭合常闭触点	延时闭合 KM3 线圈支路
21	KM3	KM3 线圈	控制 KM3 的吸合与释放
22	M	串励直流电动机	生产机械动力

（2）操作过程和工作原理。串励直流电动机正反转控制线路的操作过程和工作原理如下。

① 正转启动。

合上断路器 QF → KT 线圈通电吸合 → KT 延时闭合常闭触点瞬时断开 → KM3 不能通电吸合

按下 SB1 → KM1 线圈通电吸合

- KM1 联锁触点断开
- KM1 自锁触点闭合
- KM1 主触点闭合 → 电动机 M 串电阻 R 正转启动
- KM1 常闭触点断开 → KT 线圈断电释放 → KT 延时闭合常闭触点延时闭合
- KM1 常开触点闭合

→ KM3 线圈通电吸合 → KM3 主触点闭合 → 切除启动电阻 R → 电动机 M 启动结束，全压正转运行

② 反转启动。

按下反转启动按钮 SB2，反转接触器 KM2 线圈通电吸合，其余过程与正转启动相似。

③ 停车。

按下 SB3 → KM1（或 KM2）线圈断电释放 → 电动机 M 停车

● 列一列　列出元器件清单

请根据学校实际，将安装串励直流电动机正反转控制线路所需的元器件及导线的型号、规格和数量填入表 12.4 中，并检测元器件的质量。

表 12.4　　　　串励直流电动机正反转控制线路元器件及导线明细表

序　号	名　　称	符　　号	规格型号	数　量	备　注
1	串励直流电动机				
2	断路器				
3	直流接触器				
4	时间继电器				
5	按钮				
6	启动电阻				

续表

序　号	名　称	符　号	规格型号	数　量	备　注
7	接线端子				
8	连接导线				
9	按钮导线				

● **做一做　安装线路**

（1）固定元器件。

（2）安装控制线路。根据电动机容量选择连接导线，并进行正确布线。低压断路器和启动电阻的安装位置要接近电动机和被拖动的机械，以便在控制时能看到电动机和被拖动的机械的运行情况。

● **测一测　检测线路**

（1）接线检查。按电路图从电源端开始，逐段核对接线有无漏接、错接之处，检查导线接点是否符合要求，压接是否牢固，以免带负载运行时产生闪弧现象。

（2）万用表检测。用万用表电阻挡检查电路接线情况。检查时，应选用倍率适当的电阻挡，并欧姆调零。

● **试一试　通电试车**

为确保人身安全，在通电试车时，要认真执行安全操作规程的有关规定，经教师检查并现场监护。

（1）接通直流电源，合上低压断路器 QF。

（2）按下正转启动按钮 SB1，接触器 KM1 应通电吸合，时间继电器 KT 断电释放，电动机串电阻 R 启动。经整定时间延时后，接触器 KM3 应通电吸合，切除电阻 R，电动机正常运行。若有异常，立即停车检查。

（3）按下停止按钮 SB3，KM1 接触器应断电释放，电动机惯性停车。若有异常，立即断电检查。

（4）按下反转启动按钮 SB2，接触器 KM2 应通电吸合，时间继电器 KT 断电释放，电动机串电阻启动。经整定时间延时后，接触器 KM3 应通电吸合，切除电阻 R，电动机正常运行。若有异常，立即停车检查。

（5）按下停止按钮 SB3，KM2 接触器应断电释放，电动机惯性停车。若有异常，立即断电检查。

（6）断开低压断路器 QF，拔下电源插头。

任务评议

请将"串励直流电动正反转控制线路安装与调试"实训评分填入"电动机电气控制线路安装与调试实训评分表"。

任务拓展

● **拓展　直流电动机的调速**

直流电动机的调速性能比异步电动机好，调速范围广，能够实现无级调速，且便于自动控制。在调速要求高的生产机械上，采用直流电动机作为拖动电动机较多。直流电动机的调速方法有机械调速和电气调速。直流电动机的电气调速方法有电枢回路串电阻调速、改变主磁通调速和改变电枢电压调速。

（1）电枢回路串电阻调速。电枢回路串电阻调速是在电枢回路中串接调速变阻器。电枢回路串电阻调速方法只能使电动机的转速在额定转速下范围内进行调节，其调速范围不大。由于调速电阻长期通过较大的电枢电流，消耗大量的电能，故稳定性较差。但这种调速设备简单，操作方便，在短期工作、功率不大且机械特性硬度要求不高的场合得到广泛应用，如蓄电池搬运车、无轨电车、电池铲车、吊车等机械。

（2）改变主磁通调速。改变主磁通调速是通过改变励磁电流的大小实现调速。调速在励磁回路进行，功率小，能量损耗小，控制方便，可以无级平滑调速，但转速只能升高，只作辅助调速用。

（3）改变电枢电压调速。改变电枢电压调速是用晶闸管整流装置作为一个输出电压可调的直流电源，给直流电动机供电。这种调速调速范围宽，可以无级平滑调速，调速过程中没有能量损耗，且调速稳定性好，但转速只能升高，且设备复杂，成本较高。

任务三　串励直流电动机制动控制线路安装与调试

任务描述

- **任务内容**
安装串励直流电动机制动控制线路，并通电调试。
- **任务目标**
◎ 能说出串励直流电动机制动控制线路的操作过程和工作原理。
◎ 能列出串励直流电动机制动控制线路的元器件清单。
◎ 会安装和调试串励直流电动机制动控制线路。

任务操作

- **读一读　识读电气控制原理图**
串励直流电动机的能耗制动分为自励式和他励式两种。自励式能耗制动是指当电动机断开电源后，将励磁绕组反接并与制动电阻串联组成闭合回路，使惯性运转的电枢处于自励发电机状态，产生与原方向相反的电流和电磁转矩，使电动机迅速停转。

（1）电路的基本组成。串励直流电动机自励式能耗制动控制线路如图 12.4 所示，串励直流电动机自励式能耗制动控制线路元件明细见表 12.5。

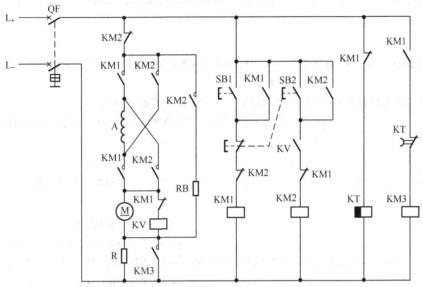

图 12.4 串励直流电动机自励式能耗制动控制线路

表 12.5 串励直流电动机自励式能耗制动控制线路元件明细表

序 号	元件符号	元件名称	功 能
1	QF	低压断路器	电源引入
2	KM2	KM2 辅助常闭触点	联锁保护
3	KM1	直流接触器主触点	控制电动机的运行
4	KM2	直流接触器主触点	控制电动机的停车
5	KM3	直流接触器主触点	控制切除启动电阻 R
6	R	启动电阻	限制启动电流
7	KM1	KM1 辅助常闭触点	KV 线圈支路联锁保护
8	KV	电压继电器线圈	控制 KV 的吸合与释放
9	RB	制动电阻	限制制动电流
10	KM2	KM2 常开触点	控制制动电阻 RB 的接入
11	SB1	启动按钮	控制电动机启动
12	SB2	停止按钮	控制电动机停车
13	KM1	KM1 辅助常开触点	自锁
14	KM2	KM1 辅助常开触点	自锁
15	KM1	KM1 辅助常闭触点	联锁保护
16	KM2	KM1 辅助常闭触点	联锁保护
17	KV	电压继电器常开触点	控制 KM2 支路
18	KM1	KM1 线圈	控制 KM1 的吸合与释放
19	KM2	KM2 线圈	控制 KM2 的吸合与释放
20	KM1	KM1 辅助常闭触点	KT 线圈支路联锁保护
21	KT	时间继电器线圈	计时，延时动作触点
22	KM1	KM1 辅助常开触点	控制 KM3 线圈支路
23	KT	时间继电器延时闭合常闭触点	延时闭合 KM3 线圈支路
24	KM3	KM3 线圈	控制 KM3 的吸合与释放

（2）操作过程和工作原理。串励直流电动机自励式能耗制动控制线路的操作过程和工作原理如下。

① 启动。

合上断路器 QF → KT 线圈通电吸合 → KT 延时闭合常闭触点瞬时断开 → KM3 不能通电吸合

按下 → KM1 线圈通电吸合 →
SB1

- KM1 自锁触点闭合
- KM1 主触点闭合 → 电动机 M 串电阻 R 启动
- KM1 常闭触点断开 → KT 线圈断电释放 → KT 延时闭合常闭触点延时闭合 ──
- KM1 常开触点闭合

→ KM3 线圈通电吸合 → KM3 主触点闭合 → 切除启动电阻 R → 电动机 M 启动结束，全压运行

② 能耗制动。

按下 SB2

- SB2 常闭触点断开 → KM1 线圈断电释放 →
  - KM1 自锁触点断开
  - KM1 主触点断开 → 电枢回路断电释放
  - KM1 常开触点断开 → KM3 线圈断电释放
  - KM1 常闭触点闭合 → KT 线圈通电吸合 ──
    → KT 延时闭合的常闭触点瞬时断开
- SB2 常开触点闭合

由于惯性运转的电枢切割磁力线在电枢绕组中产生感应电动势 ──

→ 并接在电枢两端的欠电压继电器 KV 线圈通电吸合 → KV 常开触点闭合 → KM2 线圈通电吸合 ──

- KM2 常闭触点断开 → 切断电动机电源
- KM2 主触点闭合 → 励磁绕组反接后与电枢绕组和制动电阻组成闭合回路 → 电动机 M 开始制动 ──

→ KV 线圈断电释放 → KV 常开触点断开 → KM2 线圈断电释放 → KM2 常开触点断开 → 能耗制动完毕

● **列一列　列出元器件清单**

请根据学校实际，将安装串励直流电动机自励式能耗制动控制线路所需的元器件及导线的型号、规格和数量填入表 12.6 中，并检测元器件的质量。

表 12.6　　串励直流电动机自励式能耗制动控制线路元器件及导线明细表

序号	名称	符号	规格型号	数量	备注
1	串励直流电动机				
2	断路器				
3	直流接触器				
4	电压继电器				
5	时间继电器				
6	按钮				
7	启动电阻				
8	制动电阻				
9	接线端子				
10	连接导线				
11	按钮导线				

● 做一做　安装线路

（1）固定元器件。

（2）安装控制线路。根据电动机容量选择连接导线，并进行正确布线。低压断路器、启动电阻、制动电阻的安装位置要接近电动机和被拖动的机械，以便在控制时能看到电动机和被拖动的机械的运行情况。

● 测一测　检测线路

（1）接线检查。按电路图或接线图从电源端开始，逐段核对接线有无漏接、错接之处，检查导线接点是否符合要求，压接是否牢固，以免带负载运行时产生闪弧现象。

（2）万用表检测。用万用表电阻挡检查电路接线情况。检查时，应选用倍率适当的电阻挡，并欧姆调零。

● 试一试　通电试车

为确保人身安全，在通电试车时，要认真执行安全操作规程的有关规定，经教师检查并现场监护。

（1）接通直流电源，合上低压断路器 QF。

（2）按下启动按钮 SB1，接触器 KM1 应通电吸合，时间继电器 KT 断电释放，电动机串电阻 R 启动。再经整定时间延时后，接触器 KM3 应通电吸合，切除电阻 R，电动机正常运行。若有异常，立即停车检查。

（3）按下停止按钮 SB2，电动机能耗制动，电动机准确停车。若有异常，立即断电检查。

（4）断开低压断路器 QF，拔下电源插头。

任务评议

请将"串励直流电动机自励式能耗制动控制线路安装与调试"实训评分填入"电动机电气控制线路安装与调试实训评分表"。

任务拓展

● 拓展　他励式能耗制动控制线路

他励式能耗制动原理图如图 12.5 所示。制动时，切断电动机电源，将电枢绕组与放电电阻 R1 接通，将励磁绕组与电枢绕组断开后串入分压电阻 R2，再接入外加直流电源励磁。若与电枢供电电源共用时，则需要在串励回路串入较大的降压电阻。这种制动方法不仅需要外加直流电源设备，而且励磁电路消耗的功率大，所以经济性较差。

小型串励直流电动机作为伺服电动机使用时，采用的他励式能耗制动控制线路如图 12.6 所示。其中，R1、R2 为电枢绕组的放电电阻，减小它们的阻值可使制动力矩增大；R3 是限流电阻，防止电动机启动电流过大；R 是励磁绕组的分压电阻；SQ1、SQ2 是限位开关。

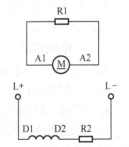

图 12.5　他励式能耗制动原理图

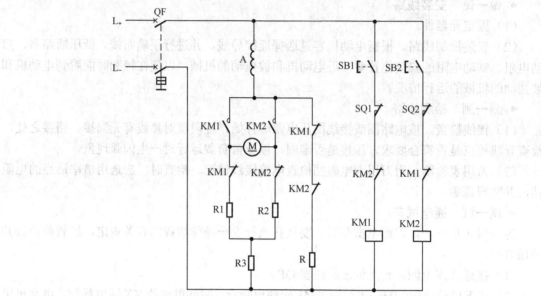

图 12.6　小型串励直流电动机他励式能耗制动控制线路

综 合 练 习

一、填空题

1. 串励直流电动机与并励直流电动机相似，常采用_____回路串联启动电阻的启动方法。

2. 串励直流电动机的正反转控制是保持_____电流方向不变，只改变_____电流方向。

3. 串励直流电动机自励式能耗制动是当电动机断开电源后，将_____反接并与制动电阻串联组成闭合回路，使惯性运转的电枢处于_____状态，产生与原方向相反的电流和电磁转矩，使电动机迅速停转。

二、选择题

1. 串励直流电动机启动时，不能_____。　　　　　　　　　　　（　　）

A. 空载启动　　　　　　　　　　　　B. 有载启动

C. 串电阻启动　　　　　　　　　　　D. 降低电枢电压启动

2. 为改变电动机的旋转方向，串励直流电动机常采用_____。　　（　　）

A. 电枢反接法　　　　　　　　　　　B. 励磁绕组反接法

C. 电枢、励磁绕组同时反接　　　　　D. 断开励磁绕组，电枢绕组反接

3. 串励直流电动机不能直接实现_____。　　　　　　　　　　　（　　）

A. 反接制动　　　　　　　　　　　　B. 能耗制动

C. 回馈制动　　　　　　　　　　　　D. 机械制动

三、判断题

1．直流电动机启动时，常在电枢电路中串入附加电阻，其目的是增大启动转矩。（   ）

2．串励直流电动机的正反转控制常采用电枢反接方法，即保持励磁电流方向不变，只改变电枢电流方向。（   ）

3．串励直流电动机的能耗制动分为自励式和他励式两种。（   ）

模块三　常用生产机械电气故障检修

项目十三　普通车床电气故障检修

现代工厂里有许多生产机械，如车床、磨床、钻床、铣床和镗床等，这些生产机械能加工机械零件，满足生产需要。如果这些设备在运行过程中产生故障，将严重影响生产，甚至造成事故。因此，作为维修电工，必须及时、准确、迅速、熟练、安全地修复这些故障。

车床是使用最广泛的一种金属切削机床，主要用于车削工件的外圆、内圆、端面和螺纹等，装上钻头或铰刀，还可进行钻孔和铰孔等加工。在各种车床中，应用最多的是普通车床。那么，如何识读普通车床的电气原理图，如何学会普通车床电气故障的检修呢？

任务一　普通车床电气原理图识读

任务描述

● 任务内容

认识普通车床的主要结构，识读普通车床电气原理图。

● 任务目标

◎ 熟悉 CA6140 型普通车床的主要结构，能说出其电气控制要求，知道其主要运动形式。

◎ 会识读 CA6140 型普通车床电气原理图，能说出电路的动作程序。

◎　能列出 CA6140 型普通车床的主要电器元件明细表。

任务操作

● **认一认　认识普通车床**

（1）车床的型号。车床型号的含义如图 13.1 所示。

图 13.1　车床型号的含义

（2）CA6140 型普通车床的主要结构及运动形式。常见的 CA6140 型普通车床的主要结构如图 13.2 所示。CA6140 型普通车床主要由床身、主轴箱、进给箱、溜板箱、刀架、丝杆、光杆、尾架等组成。

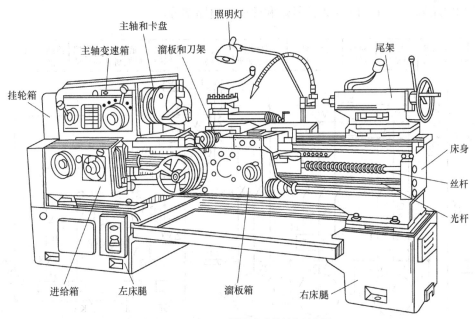

图 13.2　CA6140 型普通车床的结构示意图

车削加工时，CA6140 型普通车床的主运动是工件的旋转运动，进给运动是刀具的直线运动，辅助运动是刀架的快速移动及工件的夹紧和放松。主轴电动机的动力由三角带通过主轴箱传给主轴，主轴通过卡盘带动工件作旋转运动。主轴一般只要求单方向旋转，只有在车螺纹时才需要用反转来退刀。CA6140 车床用操纵手柄通过摩擦离合器来改变主轴旋转方向，有的车床也通过改变电动机的正反转向来改变主轴转向。主轴的变速是通过变换主轴箱外的手柄位置来实现的。

由于 CA6140 型普通车床的进给运动消耗功率很小，且车螺纹时要求主轴的旋转角度与进给的移动距离之间保持一定的比例，所以车床的进给运动由主轴电动机拖动。主轴电动机的动力由主轴箱、挂轮箱传到进给箱，再由光杆或丝杆传到溜板箱，由溜板箱带动溜板和刀架做纵、横两个方向的进给运动。

（3）CA6140 型普通车床的电力拖动特点及控制要求。

① 主轴电动机一般选用笼型电动机，完成车床的主运动和进给运动。主轴电动机可直接启动；车床采用机械方法实现反转；采用机械调速，对电动机无电气调速要求。

② 车削加工时，为防止刀具和工件温度过高，需要一台冷却泵电动机来提供冷却液。要求主轴电动机启动后冷却泵电动机才能启动，主轴电动机停车，冷却泵电动机也同时停车。

③ CA6140 型普通车床要有一台刀架快速移动电动机。

④ 必须具有短路、过载、失压和欠压等必要的保护装置。

⑤ 具有安全的局部照明装置。

● **读一读　识读普通车床电气原理图**

CA6140 型普通车床的电气原理图如图 13.3 所示。CA6140 型普通车床电气原理图底边按数序分成 12 个区，其中，1 区为电源保护和电源开关部分，2～4 区为主电路部分，5～10区为控制电路部分，11～12 区为信号灯和照明灯电路部分。

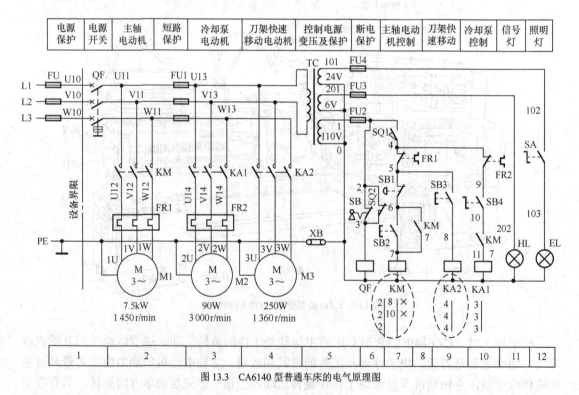

图 13.3　CA6140 型普通车床的电气原理图

（1）识读主电路。2～4 区为主电路。三相电源 L1、L2、L3 由低压断路器 QF 控制（1区）。从 2 区开始就是主电路。主电路有 3 台电动机。

① 主轴电动机 M1。2 区是主轴电动机 M1 的主电路。主轴电动机 M1 带动主轴对工

件进行车削加工，是主运动和进给运动电动机。它由 KM1 的主触点控制，其控制线圈在 7 区，热继电器 FR1 作过载保护，其常闭触点在 7 区。M1 的短路保护由 QF 的电磁脱扣器实现。

② 冷却泵电动机 M2。3 区是冷却泵电动机 M2 的主电路。冷却泵电动机 M2 带动冷却泵供给刀具和工件冷却液。它由 KA1 的主触点控制，其控制线圈在 10 区。FR2 作过载保护，其常闭触点在 10 区。熔断器 FU1 作短路保护。

③ 刀架快速移动电动机 M3。4 区是刀架快速移动电动机 M3 的主电路。刀架快速移动电动机 M3 带动刀架快速移动。它由 KA2 的主触点控制，其控制线圈在 9 区。由于 M3 容量较小，因此不需要作过载保护。

（2）识读控制电路。5～10 区为控制电路。控制电路由控制变压器 TC 提供 110V 电源，由 FU2 作短路保护（6 区）。带钥匙的旋钮开关 SB 是电源开关锁，开动机床时，先用钥匙向右旋转旋钮开关 SA2 或压下电气箱安全行程开关 SQ2，再合上低压断路器 QF 才能接通电源。挂轮箱安全行程开关 SB 作 M1、M2、M3 的断电安全保护开关。

① 主轴电动机 M1 的控制电路（7～8 区）。M1 的控制电路是典型的电动机单向连续控制电路。SB1 为主轴电动机 M1 启动按钮，SB2 为主轴电动机 M1 的停止按钮。

② 刀架快速移动电动机 M3 的控制电路（9 区）。M3 的控制电路是典型的电动机单向点动控制电路。由按钮 SB3 作点动控制。

③ 冷却泵电动机 M2 的控制电路（10 区）。M2 的控制由旋钮开关 SB4 操纵，KM 的常开触点（10—11）控制。因此，M2 需在 M1 启动后才能启动，如 M1 停转，M2 也同时停转，即 M1、M2 采用的是控制电路顺序控制。

（3）识读信号灯和照明灯电路。11~12 区为信号灯和照明灯电路。信号灯和照明灯电路的电源由控制变压器 TC 提供。

① 信号灯电路（11 区）。信号灯电路采用 6V 交流电压电源，指示灯 HL 接在 TC 次级的 6V 线圈上，指示灯亮表示控制电路有电。熔断器 FU3 作短路保护。

② 照明电路（12 区）。照明电路采用 24V 交流电压。照明电路由钮子开关 SA 和灯泡 EL 组成。灯泡 EL 的另一端必须接地，以防止照明变压器原绕组和副绕组间发生短路时可能发生的触电事故。FU4 作短路保护。

- **认一认　认识普通车床主要电器元件**

CA6140 型普通车床电器位置示意图如图 13.4 所示。对照表 13.1 CA6140 型普通车床主要电器元件明细表，认识 CA6140 型普通车床电器元件。

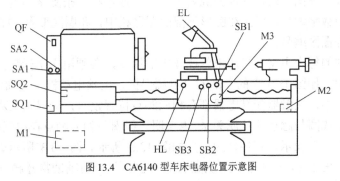

图 13.4　CA6140 型车床电器位置示意图

表 13.1　　　　　　　　　　　　　　　CA6140 型普通车床主要电器元件明细表

序号	符号	名称	型号	规格	数量	用途
1	M1	主轴电动机	Y132M-4-B3	7.5kW　15.4 A　1 450r/min	1	主运动和进给运动动力
2	M2	冷却泵电动机	AOB-25	90W　3 000r/min	1	驱动冷却液泵
3	M3	刀架快速移动电动机	AOS5634	250W　1 360r/min	1	刀架快速移动动力
4	FR1	热继电器	JR16-20/3D	11 号热元件 整定电流 15.4A	1	M1 的过载保护
5	FR2	热继电器	JR16-20/3D	1 号热元件 整定电流 0.32A	1	M2 的过载保护
6	KM	交流接触器	CJ10-40	40A 线圈电压 110V	1	控制 M1
7	KA1	中间继电器	JZ7-44	线圈电压 110V	1	控制 M2
8	KA2	中间继电器	JZ7-44	线圈电压 110V	1	控制 M3
9	FU1	熔断器	RL1-15	380V 15A 配 1A 熔体	3	M2、M3 及控制电路的短路保护
10	FU2	熔断器	RL1-15	380V 15A 配 4A 熔体	3	控制电路的短路保护
11	FU3	熔断器	RL1-15	380V 15A 配 1A 熔体	1	电源信号灯短路保护
12	FU4	熔断器	RL1-15	380V 15A 配 2A 熔体	1	车床照明电路短路保护
13	SB1	按钮	LAY3-10/3	绿色	1	M1 启动按钮
14	SB2	按钮	LAY3-01ZS/1	红色	1	M1 停止按钮
15	SB3	按钮	LA19-11	500V　5A	1	M3 控制按钮
16	SB4	旋钮开关	LAY3-10X/2		1	M2 控制开关
17	SB	旋钮开关	LAY3-01Y/2	带锁匙	1	电源开关锁
18	SQ1	挂轮箱安全行程开关	JWM6-11		1	断电安全保护
19	SQ2	电气箱安全行程开关	JWM6-11		1	

任务评议

请将"普通车床电气原理图识读"实训评分填入"生产机械电气原理图识读实训评分表"。

任务拓展

- **拓展　识读机床电气原理图的基本知识**

（1）机床电气原理图一般按功能分成若干图区，通常将一条支路划为一个图区，并从左到右依次用阿拉伯数字编号，标注在图形下部的图区栏中，即图区编号，如图 13.3 中的下部的数字 1~12 即为图区编号。

（2）电路图中的每个电路在机床电气操作中的用途，必须用文字标注在电路图上部的用途栏（功能格）中，如图 13.3 中的上部的"电源保护、主轴电动机、主轴电动机控制"等。

（3）在电路图中，接触器和继电器都有相应触点位置索引，一般画在对应线圈的下方。触点位置索引表示线圈与触点的从属关系，也表明了线圈与相应触点在电气图中的位置关系。未使用的触点用"×"表示，其各栏的含义如图 13.5 所示。图 13.3 所示虚线圆中，接触器 KM 的 3 对触点均在 2 区，一对辅助常开触点在 8 区，另一对辅助常开触点在 10 区，2 对辅助常闭触点未用；继电器 KA2 的 3 对常开触点均在 4 区，常闭触点未用。

	KM		KA	
左栏	中栏	右栏	左栏	右栏
主触点	辅助常开触点	辅助常闭触点	常开触点	常闭触点
图区号	图区号	图区号	图区号	图区号

图 13.5　触点位置索引的含义

任务二　普通车床常见电气故障检修

任务描述

● **任务内容**

检修普通车床常见电气故障。

● **任务目标**

◎　会操作 CA6140 型普通车床电气部分。

◎　会检修 CA6140 型普通车床常见电气故障。

任务操作

● **看一看　观察普通车床电气的控制过程**

（1）开车前准备。合上电源开关 QF，指示灯亮。将各操作手柄置于合理位置。

（2）主轴电动机 M1 控制。在无故障状态下，按表 13.2 所列操作，观察交流接触器 KM 和主轴电动机 M1 的动作情况，并做好记录。

表 13.2　　　　　　　　　　　　　主轴电动机 M1 控制情况记载表

序　　号	操 作 内 容	观 察 现 象	
		交流接触器 KM	主轴电动机 M1
1	按下按钮 SB2		
2	按下按钮 SB1		

（3）冷却泵电动机 M2 控制。在无故障状态下，启动主轴电动机 M1 后，按表 13.3 所列操作，观察中间继电器 KA1 和冷却泵电动机 M2 的动作情况，并做好记录。

表 13.3　　　　　　　　　　　　　冷却泵电动机 M2 控制情况记载表

序　　号	操 作 内 容	观 察 现 象	
		中间继电器 KA1	冷却泵电动机 M2
1	闭合旋钮开关 SB4		
2	断开旋钮开关 SB4		

（4）刀架快速移动电动机 M3 控制。在无故障状态下，按表 13.4 所列操作，观察中间继电器 KA2 和刀架快速移动电动机 M3 的动作情况，并做好记录。

表 13.4　　　　　　　刀架快速移动电动机 M3 运行情况记载表

序　号	操作内容	观察现象	
		中间继电器 KA2	刀架快速移动电动机 M3
1	按下按钮 SB3		
2	松开按钮 SB3		

- **做一做　处理普通车床电气故障**

处理 CA6140 型普通车床电气故障 3 处。操作过程中，建议首先在知道故障点的情况下观察各种故障现象，然后在不知道故障点的情况下，根据故障现象进行分析，处理故障。

现以"主轴电动机不能正常启动"这个故障为例，说明普通车床电气故障处理过程。

（1）观察故障现象。按表 13.5 所列设置故障点，观察故障现象，并做好记录。

表 13.5　　　　　　　"主轴电动机不能正常启动"故障观察记载表

序　号	故　障　点	观　察　现　象			
		信　号　灯	照　明　灯	主轴电动机	交流接触器 KM
1	FU1 熔断或连线断路				
2	KM 主触点接触不良				
3	FU2 熔断或连线断路				
4	KM 线圈断路或连线断路				

（2）分析故障现象。根据上述故障点及故障现象，结合电气原理图，分析造成"主轴电动机不能正常启动"的故障原因见表 13.6。

表 13.6　　CA6140 型普通车床"主轴电动机不能正常启动"故障原因及修复方法

故障现象	故障电路	故障原因	修复方法
主轴电动机 M1 不能启动	电源电路	（1）熔断器 FU 熔断或连线断路	更换相同规格和型号的熔体或将连线接好
		（2）断路器 QF 接触不良或连线断路	更换相同规格的断路器或将连线接好
	主电路	（3）接触器 KM 主触点接触不良	更换相同规格的交流接触器
		（4）热继电器 FR1 热元件损坏或连线断路	更换相同规格的热继电器或将连线接好
		（5）电动机机械部分损坏	修复或更换电动机
	控制电路	（6）FU1 熔断或连线断路	更换相同规格和型号的熔体或将连线接好
		（7）热继电器 FR1 常闭触点尚未复位、或热继电器的规格选配不当、热继电器的整定电流过小或连线断路	热继电器复位、正确选配热继电器、调整热继电器的整定电流或将连线接好
		（8）SB1 接触不良或连线断路	修复更换 SB1 或将连线接好
		（9）SB2 接触不良或连线断路	修复更换 SB2 或将连线接好
		（10）KM 线圈断路或连线断路	更换相同型号的接触器或将连线接好

（3）确定故障点。教师设置故障点，学生分组查找故障。以表 13.6 中故障 10 "KM 线圈断路或连线断路"为例，其故障点确定流程如图 13.6 所示。

（4）修复故障。根据故障原因，修复故障，见表 13.6。

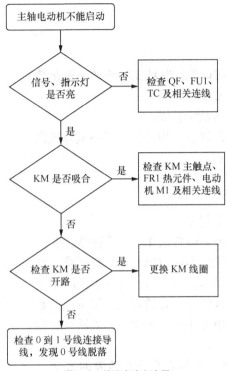

图 13.6 故障点确定流程

（5）通电试车。

CA6140 型普通车床常见电气故障处理方法见表 13.7。

表 13.7　　　　　　CA6140 型普通车床常见电气故障处理方法

序号	故障现象	故障电路	故障原因	处理方法
1	主轴电动机 M1 启动后不能自锁	控制电路	接触器 KM 常开触点接触不良或连接导线松脱	修复更换相同规格的交流接触器或将连线接好
2	主轴电动机不能停车	主电路	（1）接触器 KM 主触点熔焊、被杂物卡住不能断开或线圈有剩磁造成触点不能复位	修复或更换接触器
		控制电路	（2）SB1 常闭触点击穿或短路	修复更换停止按钮
3	冷却泵电动机不能启动	主电路	（1）主轴电动机未启动	启动主轴电动机
			（2）熔断器 FU1 熔体熔断	更换熔体
			（3）中间继电器 KA1 不能吸合	检查控制电路，查明原因，排除故障
			（4）冷却泵电动机损坏	修复或更换冷却泵电动机
		控制电路	（5）SB4 接触不良或连线断路	更换 SB4 或将连线接好
			（6）KA1 线圈断路或连线断路	更换相同型号的中间继电器或将连线接好
4	刀架快速移动电动机不能启动	主电路	（1）熔断器 FU1 断路或连线断路	更换相同规格和型号的熔体或将连线接好
			（2）中间继电器 KA2 不能吸合	检查控制电路，查明原因，排除故障
		控制电路	（3）SB3 接触不良或连线断路	更换 SB3 或将连线接好
			（4）KA2 线圈断路或连线断路	更换相同型号的中间继电器或将连线接好

任务评议

请将"普通车床电气控制线路检修"实训评分填入"生产机械电气控制线路检修实训评分表"。

任务拓展

● **拓展1　常用生产机械电气控制线路检修的一般步骤**

（1）根据故障现象进行故障调查研究。

（2）在电气原理图上分析故障范围。

（3）通过试验观察法对故障进一步分析，缩小故障范围。

（4）用测量法寻找故障点。

（5）检修故障。

（6）通电试车。

（7）整理现场，做好维修记录。

● **拓展2　机床电气故障处理方法1——局部短接法**

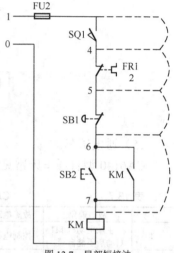

图 13.7　局部短接法

机床电气设备的常见处理为断路故障，如导线断路、虚连、虚焊、触点接触不良、熔断器开路等，对这类故障常用短接法检查。检查时，用一根绝缘良好的导线，将可能的断路部位短接，若短接到某处电路接通，则说明该处断路。短接法有局部短接法和长短接法。

局部短接法是一次短接一个触点来检查故障的方法。图 13.7 所示是 CA6140 型普通车床主轴电动机的控制电路。检查前，先用万用表测量 1—0 两点间的电压，若电压正常，合上挂轮箱安全行程开关 SQ1，一人按下启动按钮 SB2 不放，另一人用一根绝缘良好的导线，分别短接标号相邻的两点 1—4、4—5、5—6、6—7（注意：不能短接 7—0 两点，防止短路）。当短接到某两点时，接触器 KM 吸合，说明断路故障就在该两点之间，见表 13.8。

表 13.8　　　　　　　　　　　　　用局部短接法查找故障点

故障现象	短接点标号	KM 动作	故障点
按下 SB2，KM 不能吸合	1—4	KM 吸合	SQ1 常闭触点接触不良或连线断路
	4—5	KM 吸合	FR1 常闭触点接触不良或误动作或连线断路
	5—6	KM 吸合	SB1 常闭触点接触不良或连线断路
	6—7	KM 吸合	SB2 常开触点接触不良或连线断路

综 合 练 习

一、填空题

1. CA6140 型普通车床主电路有＿＿＿＿台电动机，分别是＿＿＿＿、＿＿＿＿和＿＿＿＿。

2．CA6140 型普通车床主轴电动机 M1 的启动与停车分别由按钮_____、_____控制，主轴正反转采用_____实现。

3．CA6140 型普通车床主轴电动机 M1 和冷却泵电动机 M2 采用_____控制，即只有_____启动后 M2 才能启动，如 M1 停转，M2_____。

4．CA6140 型普通车床刀架快速移动电动机 M3 的控制电路是典型的电动机_____控制电路。

二、选择题

1．CA6140 型普通车床电气控制线路图中，FU 是_____。　　　　　（　）
A．电源保护熔断器　　　　　　　　　　B．控制电路保护熔断器
C．控制电路热继电器　　　　　　　　　D．热继电器

2．CA6140 型普通车床电气控制线路图中，SQ1、SQ2 作_____。　　（　）
A．断电保护　　　　B．短路保护　　　　C．过载保护　　　　D．行程控制

3．CA6140 型普通车床电气控制线路图中，信号电路和照明的电压分别为_____。
（　）
A．24V　6V　　　　B．6V　24V　　　　C．110V　24V　　　　D．6V　110V

4．按下启动按钮 SB2，CA6140 型普通车床不能启动，不可能的原因是_____。（　）
A．SB1 常闭触点不能闭合　　　　　　　B．SB2 常闭触点不能闭合
C．SB3 常闭触点不能闭合　　　　　　　D．KM 线圈断开

三、判断题

1．CA6140 型普通车床主轴的正反转是由主轴电动机 M1 的正反转来实现的。（　）

2．CA6140 型普通车床中的低压断路器 QF，只有当线圈通电时才能合匣。（　）

3．在操作 CA6140 型普通车床时，按下 SB2，发现接触器 KM 得电动作，但主轴电动机 M1 不能启动，则故障原因可能是热继电器 FR1 动作后未复位。　　　　　　（　）

四、综合题

1．CA6140 型普通车床电气控制线路中，刀架快速移动电动机 M3 为什么未设过载保护？

2．CA6140 型普通车床出现下列故障：主轴电动机 M1 启动后不能自锁，即按下启动按钮 SB2 时，主轴电动机能启动运转，但松开 SB2 后，M1 也随之停止。请根据故障现象，阐述故障的主要部位，并用电阻法描述检测步骤和处理措施。

项目十四 平面磨床电气故障检修

　　磨床是用砂轮对工件的表面进行磨削加工的一种精密机床，它可以加工各种表面，如平面、内外圆柱面、圆锥面和螺旋面等。通过磨削加工，使工件的形状及表面的精度、光洁度达到预期的要求。同时，它还可以进行切断加工。磨床的种类很多，有平面磨床、外圆磨床、内圆磨床、工具磨床和各种专用磨床（如螺纹磨床、齿轮磨床、球面磨床、导轨磨床等），其中以平面磨床应用最为普遍。平面磨床又分为卧轴和立轴、矩台和圆台4种类型。那么，如何识读平面磨床的电气原理图，如何学会平面磨床电气故障的检修呢？

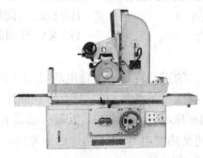

任务一　平面磨床电气原理图识读

任务描述

● **任务内容**

认识平面磨床的主要结构，识读平面磨床电气原理图。

● **任务目标**

◎ 熟悉 M7130 型平面磨床的主要结构，能说出其电气控制要求，知道其主要运动形式。

◎ 会识读 M7130 型平面磨床电气原理图，能说出电路的动作程序。

◎ 能列出 M7130 型平面磨床的主要电器元件明细表。

任务操作

● **认一认　认识平面磨床**

（1）磨床的型号。磨床型号的含义如图 14.1 所示。

（2）M7130 型平面磨床的主要结构及运动形式。M7130 型平面磨床是卧轴矩形工作台式，常见的 M7130 型卧轴矩台平面磨床的示意图如图 14.2 所示，主要由床身、工作台、电磁吸盘、砂轮箱、滑座和立柱等部分组成。

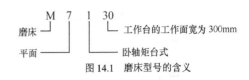

图 14.1　磨床型号的含义

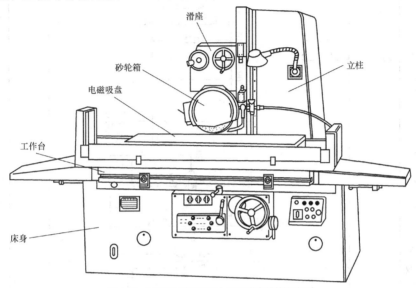

图 14.2　M7130 型卧轴矩台平面磨床结构示意图

M7130 型平面磨床的主运动是砂轮的快速旋转，由砂轮电动机带动。进给运动有工作台的纵向往复运动和砂轮的横向进给运动，采用液压传动，由液压泵电动机驱动液压泵。辅助运动是工作台的纵向往复运动及砂轮架的横向和垂直进给运动。

（3）M7130 型平面磨床的电力拖动特点及控制要求。

① 砂轮电动机一般选用笼型电动机，完成磨床的主运动。由于砂轮一般不需要调速，所以对砂轮电动机没有调速要求，也不需要反转，可直接启动。

② 平面磨床的进给运动一般采用液压传动，因此需要一台液压泵电动机驱动液压泵。对液压泵电动机也没有调速、反转要求，可直接启动。

③ 与车床一样，平面磨床也需要一台冷却泵电动机提供冷却液，冷却泵电动机与砂轮电动机需要顺序控制，即要求启动砂轮电动机启动后冷却泵电动机才能启动。

④ 平面磨床采用电磁吸盘来吸持工件。电磁吸盘要有充磁和退磁电路，同时为防止磨削加工时因电磁吸盘吸力不足而造成工件飞出，还要求有弱磁保护。为保证安全，电磁吸盘与 3 台电动机之间还要有电气联锁装置，即电磁吸盘吸合后，电动机才能启动。

⑤ 必须具有短路、过载、失压和欠压等必要的保护装置。

⑥ 具有安全的局部照明装置。

● 读一读　识读平面磨床电气原理图

常用的 M7130 型平面磨床的电气原理图如图 14.3 所示。M7130 型平面磨床的电气控制线路底边按数序分成 17 个区，其中，1 区为电源开关及保护，2～4 区为主电路部分，5～9 区为控制电路部分，10～15 区为电磁吸盘电路部分，16～17 区为照明电路部分。

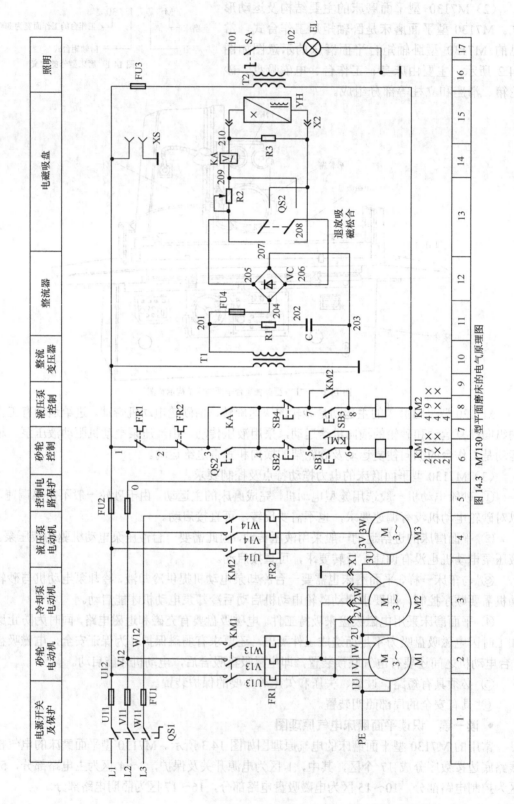

图 14.3 M7130 型平面磨床的电气原理图

（1）识读主电路（2～4 区）。三相电源 L1、L2、L3 由隔离开关 QS1 控制，熔断器 FU1 实现对全电路的短路保护（1 区）。从 2 区开始就是主电路。主电路有 3 台电动机。

① 砂轮电动机 M1。2 区是砂轮电动机 M1 的主电路。砂轮电动机 M1 带动砂轮转动对工件进行磨削加工，是主运动电动机。它由 KM1 的主触点控制，其控制线圈在 6 区。热继电器 FR1 作过载保护，其常闭触点在 6 区。

② 冷却泵电动机 M2。3 区是冷却泵电动机 M2 的主电路。冷却泵电动机 M2 带动冷却泵供给砂轮和工件冷却液，同时利用冷却液带走磨下的铁屑。M2 由接插器 X1 与电源相接，在需要提供冷却液时才插上。M2 由 KM1 的主触点控制，所以 M1 启动后，M2 才可能启动。M1、M2 采用的是主电路顺序控制。由于 M2 容量较小，因此不需要作过载保护。

③ 液压泵电动机 M3。4 区是液压泵电动机 M3 的主电路。液压泵电动机 M3 带动液压泵进行液压传动，使工作台和砂轮做往复运动。它由 KM2 的主触点控制，其控制线圈在 8 区。热继电器 FR2 作过载保护，其常闭触点在 6 区。

（2）识读控制电路（5～9 区）。控制电路采用交流 380V 电源，由熔断器 FU2 作短路保护（5 区）。6～9 区分别为砂轮电动机 M1 和液压泵电动机 M3 的控制电路。当触点（3—4）接通时，控制电路才能正常工作。触点（3—4）接通的条件是转换开关 QS2 扳到"退磁"位置或欠电流继电器 KA 的常开触点（3—4）闭合。

① 砂轮电动机 M1 的控制电路（6～7 区）。M1 的控制电路是典型的电动机单向连续控制电路。SB1、SB2 分别为砂轮电动机 M1 的启动和停止按钮。

② 液压泵电动机 M3 的控制电路（8～9 区）。M3 的控制电路是典型的电动机单向连续控制电路。SB3、SB4 分别为液压泵电动机 M3 的启动和停止按钮。

（3）电磁吸盘电路（10～15 区）。电磁吸盘就是一个电磁铁，其线圈通电后产生电磁吸力，吸引铁磁材料（如铁、钢等）的工件进行磨削加工。与机械夹具相比，电磁吸盘具有操作快速简便、不损伤工件、一次能吸引多个小工件，以及磨削时工件发热可自由伸缩、不会变形等优点。但是电磁吸盘对非铁磁材料（如铝、铜等）的工件没有吸力，而且其线圈必须使用直流电。电磁吸盘电路包括整流变压器、短路保护、整流、电磁吸盘控制、弱磁保护和电磁吸盘等电路。

① 整流变压器电路（10 区）。整流变压器 T1 将 220V 交流电压降为 127V。T1 的二次侧并联的是由 R1、C 组成的阻容吸收电路，用来吸收交流电路产生的过电压和在直流侧通断时的浪涌电压，对整流变压器进行过电压保护。

② 整流器电路（11～12 区）。熔断器 FU4 作电磁吸盘电路的短路保护（11 区）。桥式整流电路 VC 将整流变压器二次侧 127V 交流电压变换为 110V 的直流电压，供给电磁吸盘线圈 YH（12 区）。

③ 电磁吸盘电路（13～15 区）。转换开关 QS2 为电磁吸盘控制开关，有"吸合"、"放松"、"退磁"3 个位置（13 区）。

加工工件前：

QS2 扳到"吸合"位置 → QS2 触点（3-4）断开
　　　　　　　　　　 → QS2 触点（205-208）和（206-209）闭合

→ 电磁吸盘线圈 YH 通电 → 电磁吸盘产生电磁吸力，将工件牢牢吸住
→ 欠电流继电器线圈 KA 通电 → 欠电流继电器 KA 触点（3—4）闭合，为 KM1、KM2 通电做准备

电力拖动

QS2 扳到中间"放松"位置，电磁吸盘断电，可将工件取下。如工件有剩磁不能取下，则

QS2 扳到"退磁"位置 ──→ QS2 触点（3-4）闭合 ──→ KM1、KM2 仍可正常控制
　　　　　　　　　　　└─→ QS2 触点（205—207）和（206—208）闭合 ─┐

└─→ 电磁吸盘线圈 YH 串 R2 反向去磁 ──→ 工件退磁

退磁时要注意控制退磁时间，否则工件会因反向充磁而更难取下。电阻 R2 的作用是调节退磁电流。去磁结束，将 QS2 扳到"放松"位置，取下工件。

14 区为电磁吸盘弱磁保护电路。在磨削加工时，如果电磁吸盘吸力不足，工件会被高速旋转的砂轮碰击而飞出，造成事故。因此，在电磁吸盘线圈电路中串入欠电流继电器线圈 KA，其常开触点与 QS2 的常开触点（3—4）并联，串联在 KM1、KM2 线圈的控制电路中。QS2 常开触点（3—4）只有在扳到"退磁"位置才接通，在"吸合"位置是断开的，这就保证了电磁吸盘在吸持工件时有足够的充磁电流，才能启动电动机。在加工过程中，如果电流不足，欠电流继电器 KA 动作，及时切断 KM1、KM2 线圈电路，各电动机因控制电路断电而停车。

如果不使用电磁吸盘，而将工件夹在工作台上，则将插头插座 X2 上的插头拔掉，同时将转换开关 QS2 扳到"退磁"位置，这时 QS2 触点（3—4）接通，各电动机就可以正常启动。

电磁吸盘线圈 YH 由插头插座 X2 控制（15 区）。与电磁吸盘线圈 YH 并联的放电电阻 R3 的作用是在电磁吸盘断电瞬间提供通路，吸收电磁吸盘线圈释放的磁场能量，作电磁吸盘线圈的过电压保护。

（4）识读照明电路（16～17 区）。照明电路由照明变压器 T2 将 380V 交流电压降至 36V 安全电压供给照明灯 EL，FU3 是照明电路的短路保护（16 区）。照明灯 EL 一端接地，SA 为灯开关（17 区）。

● **认一认　认识平面磨床主要电器元件**

M7130 型平面磨床电器位置图如图 14.4 所示。对照表 14.1 所列 M7130 型平面磨床主要电器元件明细表，认识 M7130 型平面磨床电器元件。

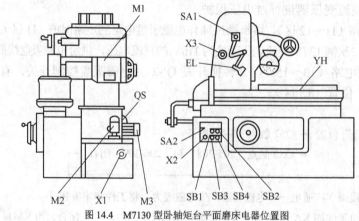

图 14.4　M7130 型卧轴矩台平面磨床电器位置图

表 14.1 M7130 型平面磨床主要电器元件明细表

序 号	符 号	名 称	型 号	规 格	数 量	用 途
1	M1	砂轮电动机	JO2-31-2	3kW 6.13A 2 860r/min	1	主运动动力
2	M2	冷却泵电动机	JCB-22	0.125kW 2 790r/min	1	驱动冷却液泵
3	M3	液压泵电动机	JO2-21-4	1.1kW 2.67A 1 410r/min	1	驱动液压泵
4	FR1	热继电器	JR16-20/3D	9 号热元件 整定电流 6.13A	1	M1 的过载保护
5	FR2	热继电器	JR16-20/3D	7 号热元件 整定电流 2.67A	1	M3 的过载保护
6	KM1	交流接触器	CJ10-10	10A 线圈电压 380V	1	控制 M1
7	KM2	交流接触器	CJ10-10	10A 线圈电压 380V	1	控制 M3
8	KA	欠电流继电器	JT3-11L	1.5A	1	电磁吸盘弱磁保护
9	FU1	熔断器	RL1-60	380V 60A 配 30A 熔体	3	全电路的短路保护
10	FU2	熔断器	RL1-15	380V 15A 配 5A 熔体	2	控制电路的短路保护
11	FU3	熔断器	RL1-15	380V 15A 配 2A 熔体	1	照明电路的短路保护
12	FU4	熔断器	RL1-15	380V 15A 配 2A 熔体	1	电磁吸盘电路的短路保护
13	SB1	按钮	LA2	500V 5A	1	M1 的启动按钮
14	SB2	按钮	LA2	500V 5A	1	M1 的停止按钮
15	SB3	按钮	LA2	500V 5A	1	M3 的启动按钮
16	SB4	按钮	LA2	500V 5A	1	M3 的停止按钮
17	QS1	电源开关	HZ10-25/3	380V 25A 三极	1	电源引入开关
18	QS2	转换开关	HZ10-10P/3	380V 10A	1	电磁吸盘控制开关
19	VC	硅整流器	4×2CZ11C		1	提供 YH 直流工作电压
20	YH	电磁吸盘	HDXP	110V 1.45A	1	磨床夹具
21	T1	整流变压器	BK-400	400VA 220/127V	1	提供整流电源
22	T2	照明变压器	BK-50	50VA 380/36V	1	提供照明电源
23	EL	磨床照明灯	JC11	带 40W、36V 灯泡	1	工作照明
24	C	电容器		600V 5μF	1	在 T1 二次侧组成阻容吸收电路, 作过电压保护
25	R1	电阻器	GF	50W 500Ω	1	
26	R2	可调电阻器		6W 125Ω	1	调节去磁电流
27	R3	电阻器	GF	50W 1 000Ω	1	电磁吸盘线圈放电电阻
28	X1	接插器	CY0-36		1	控制 M2
29	X2	接插器	CY0-36		1	控制电磁吸盘
30	XS	插座		250V 5A	1	控制退磁器

任务评议

请将"平面磨床电气原理图识读"实训评分填入"生产机械电气原理图识读实训评分表"。

任务拓展

● **拓展 识读电气原理图的基本原则**

识读电气原理图时, 应遵循以下基本原则。

(1)电气原理图一般分电源电路、主电路、控制电路和辅助电路。电源电路一般画在图面的上方或左方，三相交流电源 L1、L2、L3 按相序由上而下依次排列，中性线 N 和保护线 PE 画在相线下面。直流电源则以上正下负画出。电源开关要水平方向设置。

主电路垂直电源电路画在电气原理图的左侧。

控制电路和辅助电路跨在两相之间，依次垂直画在主电路的右侧，并且电路中的耗能元件（如接触器和继电器的线圈、电磁铁、信号灯、照明灯等）要画在电气原理图的下方，而线圈的触点则画在耗能元件的上方。

（2）电气原理图中各线圈的触点都按电路未通电或器件未受外力作用时的常态位置画出。分析工作原理时，应从触点的常态位置出发。

（3）各元器件不画实际外形图，而采用国家规定的统一图形符号画出。

（4）同一电器的各元件不按实际位置画在一起，而是根据它们在线路中所起的作用分别画在不同部位，并且它们的动作是相互关联的，必须标以相同的文字符号。

任务二　平面磨床常见电气故障检修

任务描述

- **任务内容**

检修平面磨床常见电气故障。

- **任务目标**

◎ 会操作 M7130 型平面磨床电气部分。

◎ 会检修 M7130 型平面磨床常见电气故障。

任务操作

- **看一看　观察平面磨床电气的控制过程**

（1）开车前准备。合上电源开关 QS1，将各操作手柄置于合理位置。

（2）砂轮电动机控制。在无故障状态下，合上转换开关 QS2，按表 14.2 所列操作，观察交流接触器 KM1 和砂轮电动机 M1 的动作情况，并做好记录。

表 14.2　　　　　　　　　　　　　　砂轮电动机 M1 控制情况记载表

序　号	操 作 内 容	观 察 现 象	
		交流接触器 KM1	砂轮电动机 M1
1	按下按钮 SB1		
2	按下按钮 SB2		

（3）冷却泵电动机控制。在无故障状态下，合上转换开关 QS2，启动砂轮电动机 M1 后，按表 14.3 所列操作，观察启动冷却泵电动机 M2 的动作情况，并做好记录。

表 14.3　　　　　　　　　　　冷却泵电动机 M2 控制情况记载表

序　号	操作内容	观察现象
		冷却泵电动机 M2
1	插上接插器 X1	
2	拔下接插器 X1	

（4）液压泵电动机控制。在无故障状态下，合上转换开关 QS2，按表 14.4 所列操作，观察液压泵电动机 M3 和接触器 KM2 的动作情况，并做好记录。

表 14.4　　　　　　　　　　　液压泵电动机 M3 控制情况记载表

序　号	操作内容	观察现象	
		交流接触器 KM2	液压泵电动机 M3
1	按下按钮 SB3		
2	按下按钮 SB4		

● **做一做　处理平面磨床电气故障**

处理 M7130 型平面磨床电气故障 3 处。操作过程中，建议首先在知道故障点的情况下观察各种故障现象，然后在不知道故障点的情况下，根据故障现象进行分析，处理故障。

现以"砂轮电动机不能正常启动"这个故障为例，说明平面磨床电气故障处理过程。

（1）观察故障现象。按表 14.5 设置故障点，观察故障现象，并做好记录。

表 14.5　　　　　　　　"砂轮电动机不能正常启动"故障观察记载表

序　号	故　障　点	观察现象		
		照明灯	砂轮电动机 M1	交流接触器 KM1
1	FU1 熔断或连线断路			
2	KM1 主触点接触不良			
3	FU2 熔断或连线断路			
4	KM 线圈开路或连线断路			

（2）分析故障现象。根据上述故障点及故障现象，结合电气原理图，分析造成"砂轮电动机不能正常启动"的故障原因见表 14.6。

表 14.6　　　M7130 平面磨床"砂轮电动机不能正常启动"故障原因及修复方法

故障现象	故障电路	故　障　原　因	修　复　方　法
砂轮电动机 M1 不能启动	电源电路	（1）电源开关 QS1 接触不良或连线断路	更换相同规格的电源开关或将连线接好
		（2）熔断器 FU1 熔断或连线断路	更换相同规格和型号的熔体或将连线接好
	主电路	（3）接触器 KM1 主触点接触不良	更换相同规格的交流接触器
		（4）热继电器 FR1 热元件损坏或连线断路	更换相同规格的热继电器或将连线接好
		（5）电动机械部分损坏	修复或更换电动机
	控制电路	（6）FU2 熔断或连线断路	更换相同规格和型号的熔体或将连线接好
		（7）热继电器 FR1 常闭触点尚未复位、热继电器的规格选配不当、热继电器的整定电流过小或连线断路	热继电器复位、正确选配热继电器、调整热继电器的整定电流或将连线接好
		（8）热继电器 FR2 常闭触点尚未复位、热继电器的规格选配不当、热继电器的整定电流过小或连线断路	热继电器复位、正确选配热继电器、调整热继电器的整定电流或将连线接好
		（9）SB2 接触不良或连线断路	修复更换 SB2 或将连线接好
		（10）SB1 接触不良或连线断路	修复更换 SB1 或将连线接好
		（11）KM1 线圈断路或连线断路	更换相同型号的接触器或将连线接好

（3）确定故障点。教师设置故障点，学生分组查找故障。以表 14.6 中故障（11）"KM1

线圈开路或连线断路"为例，其故障点确定流程如图 14.5 所示。

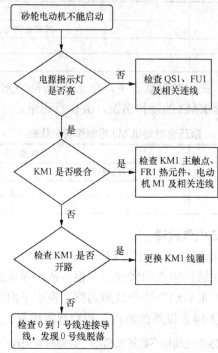

图 14.5 故障点确定流程

（4）修复故障。根据故障原因，修复故障，见表 14.6。

（5）通电试车。

M7130 型平面磨床常见电气故障处理方法见表 14.7。

表 14.7   M7130 平面磨床常见电气故障处理方法

序　号	故障现象	故障电路	故障原因	处理方法
1	所有电动机不能启动	电源电路	（1）FU1 熔断或连线断路	更换相同规格和型号的熔体或将连线接好
			（2）QS1 接触不良或连线断路	更换相同规格的电源开关或将连线接好
		控制电路	（3）FU2 熔断或连线断路	更换相同规格和型号的熔体或将连线接好
			（4）FR1 常闭触点动作、接触不良或连线断路	复位、修复更换相同型号的热继电器或将连线接好
			（5）FR2 常闭触点接触不良、连线断路或有油垢	复位、修复更换相同型号的热继电器或将连线接好
			（6）QS2 接触不良或连线断路	更换转换开关或将连线接好
			（7）KA 常开触点接触不良或连线断路	修复、更换欠电流继电器或将连线接好
2	液压泵电动机不能启动	主电路	（1）接触器 KM 主触点熔焊、被杂物卡住不能断开或线圈有剩磁造成触点不能复位	修复更换接触器
			（2）热继电器 FR2 常闭触点尚未复位、热继电器的规格选配不当、热继电器的整定电流过小或连线断路	热继电器复位、正确选配热继电器、调整热继电器的整定电流或将连线接好
		控制电路	（3）SB3 常开接触不良或连线断路	修复更换 SB3 或将连线接好
			（4）SB4 常闭触点击穿或短路	修复更换 SB4 或连线接好
			（5）KM2 常开触点接触不良或连接断路	修复更换相同规格的交流接触器或将连线接好

续表

序 号	故障现象	故障电路	故障原因	处 理 方 法
3	冷却泵电动机不能启动	主电路	（1）主轴电动机未启动	启动主轴电动机
			（2）接插器 X1 损坏	修复更换接插器
4	电磁吸盘无吸力	控制电路	（1）FU4 熔断或连线断路	更换相同规格和型号的熔体或将连线接好
			（2）接插器 XP 损坏	修复更换接插器
			（3）YH 线圈接触不良或断路	修复更换电磁吸盘线圈
			（4）KA 线圈接触不良或断路	修复更换欠电流继电器线圈
5	电磁吸盘吸力不足	控制电路	（1）电磁吸盘损坏	修复更换电磁吸盘
			（2）整流器 VC 输出电压不正常	修复更换整流元件
			（3）退磁时间太长或太短	掌握好退磁时间

任务评议

请将"平面磨床电气控制线路检修"实训评分填入"生产机械电气控制线路检修实训评分表"。

任务拓展

● **拓展 1　常用生产机械电气控制线路检修的基本要求**

（1）采取的方法和步骤正确，符合规范。

（2）不随意更换电器元件及连接导线的规格型号。

（3）不擅自改动线路。

（4）不损坏完好的电器元件。

（5）电气设备的各种保护性能必须满足使用要求。

（6）损坏的电气装置应尽量修复使用，但不得降低其性能。

（7）修理后的电器装置必须满足其质量标准要求。

（8）绝缘电阻合格，通电试车能满足电路的各种功能，控制环节的动作程序符合要求。

● **拓展 2　机床电气故障处理方法 2——长短接法**

当电路中有两个或两个以上元件同时接触不良时，用局部短接法无法检测，这时可以用长短接法来检测故障。长短接法是指一次短接两个或多个触点来检查故障的方法。用长短接法还可以把故障点缩小到一个较小的范围。

图 14.6 所示是 M7130 平面磨床砂轮电动机的控制电路。第一次先短接 1—6 两点，若接触器 KM1 吸合，说明 1—6 电路有断路故障。再短接 1—4 两点，若接触器 KM1 吸合，说明故障在 1—4 范围内，若 KM1 不吸合，说明故障在 4—6 范围内，见表 14.8。

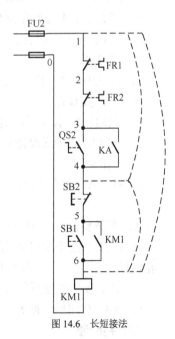

图 14.6　长短接法

表 14.8　　　　　　　　　用局部短接法查找故障范围

序　号	短接点标号	KM1 动作	故 障 范 围
1	1—6	KM1 吸合	1—6 电路有断路故障
2	1—4	KM1 吸合	1—4 电路有断路故障
		KM1 不吸合	4—6 电路有断路故障

用短接法检查故障时，必须注意以下几点。

（1）短接法检测是用手拿绝缘导线带电操作，所以一定要注意安全，避免触电事故。

（2）短接法只适用于电压极小的导线及触点之间的断路故障。对于电压较大的电器，如线圈、绕组、电阻等断路故障，不能采用短接法，否则会出现短路故障。

综 合 练 习

一、填空题

1. M7130 型平面磨床主电路有_____台电动机，分别是_____、_____和_____。

2. M7130 型平面磨床电气控制线路中，砂轮电动机 M1 与冷却泵电动机 M2 的顺序控制采用的是_____顺序控制。

3. M7130 型平面磨床电磁吸盘的保护电路由_____和_____组成，_____作电磁吸盘的控制开关。

4. M7130 型平面磨床砂轮电动机 M1 的控制线路是典型的_____电路。

5. M7130 型平面磨床控制中，电动机 M1、M2、M3 的启动条件是必要条件是_____或_____的常开触点闭合。

二、选择题

1. M7130 型平面磨床电气控制中，砂轮电动机一般_____。　　　　　　（　　）

A. 不需要调速　　　　　　　　　　　B. 采用机械调速

C. 采用机械电气联合调速　　　　　　D. 采用电气调速

2. M7130 型平面磨床控制线路图中，YH 是_____。　　　　　　　　　（　　）

A. 电磁吸盘　　　B. 液压阀　　　　C. 整流器　　　D. 电磁阀

3. M7130 型平面磨床电气控制线路中，电磁吸盘的直流电源是经_____得到的。
（　　）

A. 半波整流　　　B. 全波整流　　　C. 桥式整流　　　D. 滤波

4. M7130 型平面磨床出现以下故障现象：液压泵电动机工作正常，按下启动按钮 SB1，砂轮电动机不能启动，则不可能的原因是_____。　　　　　　　　（　　）

A. KA 常开触点不闭合　　　　　　　B. SB1 常开触点不能闭合

C. SB2 常闭触点断开　　　　　　　　D. KM1 线圈断开

三、判断题

1. M7130 型平面磨床的砂轮架的横向进给运动只能由液压传动。　　　　（　　）

2．M7130 型平面磨床工作台的往复运动是由电动机 M3 正反转来拖动的。（　　）

3．M7130 型平面磨床液压泵电动机 M3 由接触器 KM2 控制，由熔断器 FU1 作为短路保护，未设过载保护。（　　）

4．M7130 型平面磨床电磁吸盘吸力不足的常见原因是电磁吸盘损坏或整流器输出电压不正常。（　　）

四、综合题

1．M7130 型平面磨床电磁吸盘电路主要由哪几部分组成？其中电阻 R3 和欠电流继电器 KA 的作用是什么？

2．M7130 型平面磨床出现下列故障：3 台电动机都不能启动，其中主电路无故障，熔断器 FU1、FU2 正常。分析故障原因。

项目十五 摇臂钻床电气故障检修

钻床是一种专门进行孔加工的机床，主要用于钻孔、扩孔、铰孔和攻丝等。钻床的主要类型有台式钻床、立式钻床、卧式钻床、深孔钻床和多轴钻床等。摇臂钻床是立式钻床中的一种，它具有操作方便灵活、应用范围广的特点，特别适用于单件或批量生产中带有多孔大型零件的孔加工，是一般机械加工车间常见的机床。摇臂钻床又分为卧轴和立轴、矩台和圆台4种类型。那么，如何识读摇臂钻床的电气原理图，如何学会摇臂钻床电气故障的检修呢？

任务一 摇臂钻床电气原理图识读

任务描述

● 任务内容

认识摇臂钻床的主要结构，识读摇臂钻床电气原理图。

● 任务目标

◎ 熟悉 Z37 型摇臂钻床的主要结构，能说出其电气控制要求，知道其主要运动形式。

◎ 会识读 Z37 型摇臂钻床电气原理图，能说出电路的动作程序。

◎ 能列出 Z37 型摇臂钻床的主要电器元件明细表。

任务操作

• **认一认　认识摇臂钻床**

（1）钻床的型号。钻床型号的含义如图 15.1 所示。

（2）Z37 型摇臂钻床的主要结构及运动形式。常见的 Z37 型摇臂钻床的结构示意图如图 15.2 所示。摇臂钻床主要由底座、内外立柱、摇臂、主轴箱和工作台等组成。

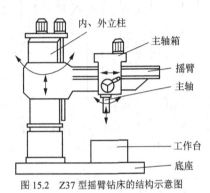

图 15.2　Z37 型摇臂钻床的结构示意图

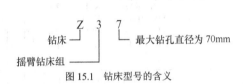

图 15.1　钻床型号的含义

摇臂钻床的主运动是主轴的旋转运动，进给运动是主轴的纵向（垂直）进给运动，辅助运动是主轴箱沿摇臂导轨的径向移动、摇臂沿外主柱的垂直移动及摇臂和外立柱一起绕内立柱的回转运动。摇臂钻床的主运动和进给运动由一台主轴电动机拖动，由机械传动机构实现主轴的旋转和进给，主轴的变速和反转均由机械方法实现。摇臂沿外立柱的上、下移动由一台摇臂升降电动机驱动丝杆正反转来实现。

（3）Z37 型摇臂钻床的电力拖动特点及控制要求。

① 主轴电动机一般选用笼型电动机，完成摇臂钻床的主运动和进给运动。主轴的变速和反转均由机械方法实现，所以主轴电动机没有调速要求，也不需要反转，可直接启动。

② 摇臂（包括装在摇臂的主轴箱）沿外立柱的上下移动由一台摇臂升降电动机驱动丝杆正反转实现（小型摇臂钻床可以靠人力摇动丝杆升降）。摇臂升降电动机要求能正反转，直接启动。

③ 主轴、摇臂和立柱的松紧由液压系统实现，因此需要一台液压泵电动机驱动液压泵，液压泵电动机也要求能正反转，直接启动。

④ 需要一台冷却泵电动机提供冷却液。

⑤ 必须具有短路、过载、失压和欠压等必要的保护装置。

⑥ 具有安全的局部照明装置。

• **读一读　识读摇臂钻床电气原理图**

常用的 Z37 型摇臂钻床电气原理图如图 15.3 所示。Z37 型摇臂钻床电气原理图底边按数序分成 13 个区，其中，1 区为电源开关，2～7 区为主电路部分，9～13 区为控制电路部分，8 区为低压照明电路和零压保护。

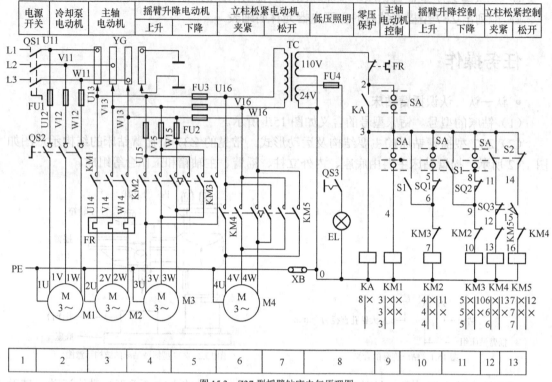

图15.3　Z37型摇臂钻床电气原理图

（1）识读主电路（2～7区）。三相电源 L1、L2、L3 由电源开关 QS1 控制（1区）。从2区开始就是主电路，主电路有4台电动机。

① 冷却泵电动机 M1。2区是冷却泵电动机 M1 主电路。冷却泵电动机 M1 带动冷却泵供给工件冷却液。由于 M1 容量较小，因此不需要过载保护，由转换开关 QS2 直接控制。M1 直接启动，单向旋转。熔断器 FU1 作短路保护。

② 主轴电动机 M2。3区是主轴电动机 M2 的主电路。主轴电动机 M2 带动主轴的旋转运动和垂直运动，是主运动和进给运动电动机。它由 KM1 的主触点控制，其控制线圈在 9区。热继电器 FR 作过载保护，其常闭触点在8区。M1 直接启动，单向旋转。主轴的正反转由液压系统和正反转摩擦离合器来实现，空挡、制动及变速也由液压系统来完成。

③ 摇臂升降电动机 M3。4～5区是摇臂升降电动机 M3 的主电路。摇臂升降电动机 M3 带动摇臂沿立柱的上下移动。它由 KM2、KM3 的主触点控制其正反转，其控制线圈分别在10、11区。熔断器 FU2 作短路保护。

④ 立柱松紧电动机 M4。6～7区是立柱松紧电动机 M4 的主电路。立柱松紧电动机 M4 配合液压装置实现摇臂的松开、夹紧和主轴箱的松开、夹紧控制。它由 KM4、KM5 的主触点控制其正反转，控制线圈分别在12、13区。熔断器 FU3 作立柱松紧电动机和控制电路的短路保护。

摇臂上的电气设备电源是通过转换开关 QS1 及汇流环 YG 引入的。

（2）识读控制电路（9～13区）。控制电路由控制变压器 TC（7区）将380V交流电源降压为110V。控制电路采用十字开关 SA 操作。十字开关具有集中控制和操作方便等优点，它由十字手柄和 4 个微动组成。根据工作需要,可将操作手柄分别扳在孔槽内 5 个不同位置上,即左、右、上、下和中间位置,手柄处在各个工作位置时的工作情况见表 15.1。为防止突然停电又恢复供电而造成的危险,电路设有零压保护环节,由中间继电器 KA 和十字开关 SA 实现。

表 15.1 十字开关操作说明

手 柄 位 置	接通微动开关的触点	工 作 情 况
中	均不通	控制电路断电
左	SA（2—3）	KA 获电并自锁
右	SA（3—4）	KM1 获电,主轴旋转
上	SA（3—5）	KM1 吸合,摇臂上升
下	SA（3—8）	KM3 吸合,摇臂下降

① 主轴电动机 M2 的控制电路（9 区）。主轴电动机 M2 的运行是通过接触器 KM1 和十字开关 SA 控制的。

先将十字开关 SA 扳在左边位置,SA 的触点（2—3）闭合,中间继电器 KA 通电吸合并自锁,为其他控制电路通电作准备。再将十字开关 SA 扳在右边位置,这时 SA 的触点分断后,SA 的触点（3—4）闭合,接触器 KM1 线圈通电吸合,主轴电动机 M2 通电运行。主轴的正反转由摩擦离合器手柄控制。将十字开关 SA 扳在中间位置,主轴电动机 M2 停车。

② 摇臂升降的控制电路（10~11 区）。摇臂升降由摇臂升降电动机 M3 作动力,由十字开关 SA 和 KM3、KM2 组成接触器十字开关双重联锁的正反转点动控制电路（10~11 区）。

由于摇臂的升降控制须与夹紧机构液压系统紧密配合:摇臂升降前,先把摇臂松开,再由 M3 驱动升降;摇臂升降到位后,再重新夹紧。现以摇臂上升为例,来分析控制的全过程。

十字开关 SA 扳在向上位置 → SA 的触点（3—5）闭合 → KM2 线圈通电 → M3 正转 →

→ 通过传动装置将摇臂松开 → 鼓形组合开关 S1 常开触点（3—9）闭合 → 摇臂上升

当摇臂上升到所需位置时,十字开关 SA 扳在中间位置。

十字开关 SA 扳在中间位置 → KM2 线圈断电 → KM2 主触点断开 → M3 停车
→ KM2 常闭触点（9—10）恢复闭合 →
鼓形组合开关 S1 常开触点（3—8）闭合 →

→ KM3 线圈通电 → M3 反转 → 通过传动装置将摇臂夹紧 → 鼓形组合开关 S1 常开触点（3—9）断开 →

→ KM3 线圈断电 → M3 停车

摇臂下降时,将十字开关扳在向下位置,SA 的触点（3—8）闭合,接触器 KM3 线圈通电吸合,其余工作过程与摇臂上升相似。摇臂上升或下降的限位保护分别由行程开关 SQ1、SQ2 实现。

③ 立柱的夹紧和松开控制（12~13 区）。钻床正常工作时,外立柱夹紧在内立柱上。要使摇臂和外立柱绕内立柱转动,应首先扳动手柄放松外立柱。立柱的夹紧和松开控制由电动机 M4 拖动液压装置实现。M4 是正反转点动控制电路,由组合开关 S2、位置开关 SQ3 和

KM4、KM5 组成（12～13 区）。位置开关 SQ3 由主轴箱与摇臂夹紧机构的机械手柄操作。立柱的夹紧和松开控制的工作过程如下。

拨动手柄，

SQ3 常开触点（14－15）闭合 → KM5 线圈通电 → M4 正转，拖动液压泵使立柱夹紧装置放松

当夹紧装置完全放松时 ┬ 组合开关 S2 常闭触点（3－14）断开 → KM5 线圈断电 → M4 停车
　　　　　　　　　　　└ 同时，组合开关 S2 常开触点（3－11）闭合，为夹紧做准备。

当摇臂转动到所需位置时，拨动手柄。

SQ3 复位 ┬ SQ3 常开触点（14－15）断开
　　　　　└ SQ3 常闭触点（11－12）闭合 → KM4 线圈通电 → M4 反转，立柱夹紧装置夹紧

当夹紧装置完全夹紧时 ┬ 组合开关 S2 常开触点（3－11）断开 → KM4 线圈断电 → M4 停车
　　　　　　　　　　　└ 组合开关 S2 常闭触点（3－14）闭合

Z37 摇臂钻床的主轴箱在摇臂上的松开与夹紧和立柱的松开与夹紧是由同一台电动机 M4 拖动液压机构完成的。

（3）识读照明电路（8 区）。低压照明电路的电源电压 24V 由控制变压器 TC 提供。照明灯 EL 由开关 SQ3 控制，由熔断器 FU4 作短路保护。

- 认一认　认识摇臂钻床主要电器元件

对照表 15.2 所列 Z37 型摇臂钻床主要电器元件明细表，认识 Z37 型摇臂钻床电器元件。

表 15.2　　　　　　Z37 型摇臂钻床主要电器元件明细表

序号	符号	名称	型号	规格	数量	用途
1	M1	冷却泵电动机	JCB-22-2	0.125 kW　2 790 r/min	1	驱动冷却液泵
2	M2	主轴电动机	Y132M-4	7.5 kW　1 440 r/min	1	主运动和进给运动动力
3	M3	摇臂升降电动机	Y100L2-4	3kW　1 440 r/min	1	摇臂升降动力
4	M4	立柱夹紧松开电动机	Y802-4	0.75kW　1 390 r/min	1	立柱夹紧、松开动力
5	FR	热继电器	JR16-20/3D	整定电流 14.1A	1	M2 的过载保护
6	KM1	交流接触器	CJ10-20	20A 线圈电压 110V	1	控制 M2
7	KM2	交流接触器	CJ10-10	10A 线圈电压 110V	1	控制 M3 正转（摇臂上升）
8	KM3	交流接触器	CJ10-10	10A 线圈电压 110V	1	控制 M3 反转（摇臂下降）
9	KM4	交流接触器	CJ10-10	10A 线圈电压 110V	1	控制主轴箱和立柱夹紧
10	KM5	交流接触器	CJ10-10	10A 线圈电压 110V	1	控制主轴箱和立柱松开
11	FU1	熔断器	RL1-15/2	380V15A 配 2A 熔体	3	M1 的短路保护
12	FU2	熔断器	RL1-15/15	380V15A 配 15A 熔体	3	M3 的短路保护
13	FU3	熔断器	RL1-15/5	380V15A 配 5A 熔体	3	M4 和控制电路的短路保护
14	FU4	熔断器	RL1-15/2	380V15A 配 2A 熔体	1	照明电路的短路保护
15	SA	十字开关	定制		1	控制开关
16	QS1	组合开关	HZ10-25/3	25A，3 极	1	电源引入开关
17	QS2	组合开关	HZ10-10/3	10A，3 极	1	控制冷却泵电动机 M1
18	SQ1	行程开关	LX5-11		1	摇臂上升限位保护
19	SQ2	行程开关	LX5-11		1	摇臂下降限位保护
20	SQ3	行程开关	LX5-11		1	主柱（主轴箱）松开夹紧开关
21	S1	鼓形组合开关	HZ4-22		1	摇臂下降控制开关
22	S2	组合开关	HZ4-21		1	主柱（主轴箱）松开夹紧开关

任务评议

请将"摇臂钻床电气原理图识读"实训评分填入"生产机械电气原理图识读实训评分表"。

任务拓展

• **拓展 生产机械电气控制线路图识读方法**

识读生产机械设备电气图,要"化整为零看电路,积零为整看全部",其一般步骤和方法如下。

(1)阅读相关技术资料。识读机床电气图前,应阅读相关技术资料,对设备有一个总体的了解,为阅读设备电气图做准备。阅读的主要内容有:设备的基本结构、运动情况、工艺要求和操作方法;设备机械、液压系统的基本结构、原理及与电气控制的关系,以及相关电器的安装位置和在控制电路中的作用;设备对电力拖动的要求,对电气控制和保护的一些具体要求。

(2)识读主电路。电气原理图主电路的识读按从左到右的顺序看,由几台拖动电动机组成。每台电动机的通电情况通常从下往上看,即从电气设备(如电动机)开始,经控制元件,依次到电源,搞清电源是经过哪些元器件到达用电设备。

(3)识读控制电路。电气原理图控制电路的识读,是在熟悉电动机控制电路基本环节的基础上,按照设备的工艺要求和动作顺序,分析各个控制环节的工作原理和工作过程,并根据设备的电气控制和保护要求,结合设备的机、电、液系统的配合情况,分析各环节之间的联系、工作程序以及联锁关系,统观整个电路,看清有哪些保护环节。

(4)识读辅助电路。辅助电路的识读,包括电气原理图中的其他电路,如检测、信号指示、照明等电路。

任务二 摇臂钻床常见电气故障检修

任务描述

• **任务内容**

检修摇臂钻床常见电气故障。

• **任务目标**

◎ 会操作 Z37 型摇臂钻床电气部分。

◎ 会检修 Z37 型摇臂钻床常见电气故障。

任务操作

• **看一看 观察摇臂钻床电气的控制过程**

(1)开车前准备。合上电源开关 QS1,将各操作手柄置于合理位置。

（2）冷却泵电动机控制。在无故障状态下，按表 15.3 所列操作，观察冷却泵电动机 M1 的动作情况，并做好记录。

表 15.3　　　　　　　　　　冷却泵电动机 M1 控制情况记载表

序　号	操 作 内 容	观 察 现 象
		冷却泵电动机 M1
1	合上组合开关按钮 QS2	
2	断开组合开关按钮 QS2	

（3）主轴电动机控制。在无故障状态下，先将十字开关 SA 扳到左边位置，按表 15.4 所列操作，观察交流接触器 KM1 和主轴电动机 M2 的动做情况，并做好记录。

表 15.4　　　　　　　　　　主轴电动机 M2 控制情况记载表

序　号	操 作 内 容	观 察 现 象	
		交流接触器 KM1	主轴电动机 M2
1	十字开关 SA 扳到右边位置		
2	十字开关 SA 扳到中间位置		

（4）摇臂升降电动机控制。在无故障状态下，先将十字开关 SA 扳到左边位置，按表 15.5 所列操作，观察交流接触器 KM2、KM3 和摇臂升降电动机 M3 的动作情况，并做好记录。

表 15.5　　　　　　　　　　摇臂升降电动机 M3 控制情况记载表

序　号	操 作 内 容	观 察 现 象		
		交流接触器 KM2	交流接触器 KM3	摇臂升降电动机 M3
1	十字开关 SA 扳到向上位置			
2	十字开关 SA 扳到中间位置			
3	十字开关 SA 扳到向下边位置			

（5）立柱松紧电动机控制。在无故障状态下，先将十字开关 SA 扳到左边位置，按表 15.6 所列操作，观察交流接触器 KM4、KM5 和立柱松紧电动机 M4 的动作情况，并做好记录。

表 15.6　　　　　　　　　　立柱松紧电动机 M4 控制情况记载表

序　号	操 作 内 容	观 察 现 象		
		交流接触器 KM4	交流接触器 KM4	摇臂升降电动机 M5
1	合上组合开关 S2			
2	断开组合开关 S2			

● 做一做　处理摇臂钻床电气故障

处理 Z37 型摇臂钻床电气故障 3 处。操作过程中，建议首先在知道故障点的情况下观察各种故障现象，然后在不知道故障点的情况下，根据故障现象进行分析，处理故障。

现以"主轴电动机不能正常启动"这个故障为例，说明摇臂钻床电气故障处理过程。

（1）观察故障现象。按表 15.7 所列设置故障点，观察故障现象，并做好记录。

表 15.7　　　　　　　　　"主轴电动机不能正常启动"故障观察记载表

序　号	故　障　点	观　察　现　象		
		照明灯	砂轮电动机 M1	交流接触器 KM1
1	YG 接触不良或连线断路			
2	KM1 主触点接触不良			
3	FU3 熔断或连线断路			
4	KM1 线圈开路或连线断路			

（2）分析故障现象。根据上述故障点及故障现象，结合电气原理图，分析造成"主轴电动机不能正常启动"的故障原因，见表 15.8。

表 15.8　　　　　Z37 摇臂钻床"主轴电动机不能正常启动"故障原因及修复方法

故障现象	故障电路	故　障　原　因	修　复　方　法
主轴电动机 M1 不能启动	电源电路	（1）电源开关 QS1 接触不良或连线断路	更换相同规格的电源开关或将连线接好
		（2）YG 接触不良或连线断路	修复汇流环
	主电路	（3）接触器 KM1 主触点接触不良	更换相同规格的交流接触器
		（4）热继电器 FR 热元件损坏或连线断路	更换相同规格的热继电器或将连线接好
		（5）电动机机械部分损坏	修复或更换电动机
	控制电路	（6）FU3 熔断或连线断路	更换相同规格和型号的熔体或将连线接好
		（7）热继电器 FR 常闭触点尚未复位、热继电器的规格选配不当、热继电器的整定电流过小或连线断路	热继电器复位、正确选配热继电器、调整热继电器的整定电流或将连线接好
		（8）SA 接触不良或连线断路	修复更换 SA 或将连线接好
		（9）KM1 线圈断路或连线断路	更换相同型号的接触器或将连线接好

（3）确定故障点。教师设置故障点，学生分组查找故障。以表 15.8 中故障（9）"KM1 线圈断路或连线断路"为例，其故障点确定流程如图 15.4 所示。

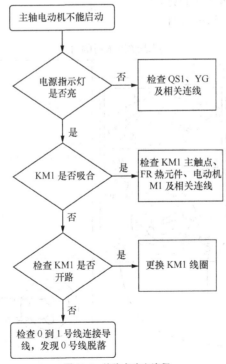

图 15.4　故障点确定流程

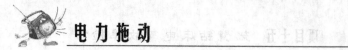

（4）修复故障。根据故障原因，修复故障，见表 15.8。

（5）通电试车。

Z37 型摇臂钻床常见电气故障处理方法见表 15.9。

表 15.9　　　　　　　　　　Z37 型摇臂钻床常见电气故障处理方法

序　号	故障现象	故障电路	故障原因	修复方法
1	摇臂升降后不能完全夹紧	控制电路	（1）摇臂上升不能夹紧，说明 S1 触点（3—9）有故障；摇臂下降不能夹紧，说明 S1 触点（3—6）有故障	修复更换 S1 相应的触点
			（2）S1 动、静触点弯曲、磨损或接触不良	修复更换相同规格的鼓形开关
2	摇臂升降后不能停车	控制电路	S1 的常开触点（3—6）或（3—9）闭合顺序颠倒	立即切断电源开关 QS1，使摇臂停止运动，修复更换相同规格的鼓形开关
3	立柱松开夹紧，电动机不能启动	控制电路	（1）S2 接触不良或连线断路	修复更换组合开关或将连线接好
			（2）QS3 接触不良或连线断路	修复更换组合开关或将连线接好
			（3）KM4、KM5 接触不良或连线断路	修复更换交流接触器或将连线接好

任务评议

请将"摇臂钻床电气控制线路检修"实训评分填入"生产机械电气控制线路检修实训评分表"。

任务拓展

● 拓展 1　万用表测量电压的方法

万用表测量电压的方法见表 15.10。

表 15.10　　　　　　　　　　万用表测量电压的方法

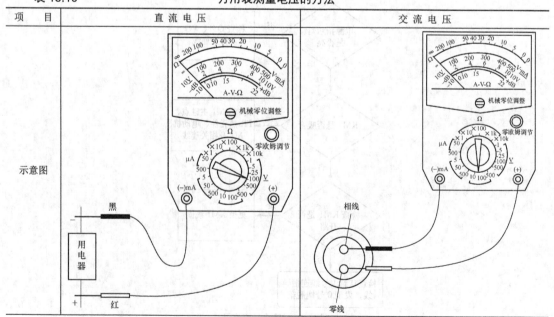

续表

项　目	直 流 电 压	交 流 电 压
操作要点	（1）万用表直流电压挡标有"$\underline{V}$"，有2.5V、10V、50V、250V和500V等不同量程，应根据被测电压的大小，选择适当量程。若不知电压大小，应先用最高电压挡测量，逐渐换至适当电压挡 （2）测量方法。将万用表并联在被测电路的两端。红表笔接被测电路的正极，黑表笔接被测电路的负极 （3）正确读数。仔细观察度盘，找到对应的刻度线读出被测电压值。注意读数时，视线应正对指针	（1）万用表直流电压挡标有交流电压挡标有"$\underline{V}$"，有10V、50V、250V和500V等不同量程，应根据被测电压的大小，选择适当量程。若不知电压大小，应先用最高电压挡测量，逐渐换至适当电压挡 （2）测量方法。将万用表并联在被测电路的两端 （3）正确读数。仔细观察度盘，找到对应的刻度线读出被测电压值。注意读数时，视线应正对指针

- **拓展2　机床电气故障处理方法3——电压分段测量法**

用电压分段测量法检修机床电气故障时，首先将万用表的量程置于交流电压500V挡，然后逐段测量。图15.5所示是Z37型摇臂钻床立柱松开控制电路，用电压分段测量法所测的电压值及故障点见表15.11。

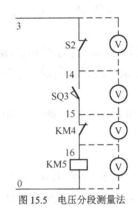

图15.5　电压分段测量法

表15.11　　　　　　　用电压分段测量法所测的电压值及故障点

故障现象	测试状态	3—14	14—15	15—16	16—0	故　障　点
压下SQ3，KM5不吸合	压下SQ3	110V	0	0	0	S2常闭触点接触不良或连线断路
		0	110	0	0	SQ3触点接触不良或连线断路
		0	0	110	0	KM4常闭触点接触不良或连线断路
		0	0	0	110	KM5线圈触点不良或连线断路

综 合 练 习

一、填空题

1. Z37型摇臂钻床主电路有_____台电动机，分别是_____、_____、_____和_____。

2. Z37型摇臂钻床的零压保护由_____和_____实现。

3. Z37 型摇臂钻床的主轴箱在摇臂上的松开与夹紧和_____是由同一台电动机 M4 拖动液压机构来完成的。

二、选择题

1. Z37 型摇臂钻床零压继电器的功能是_____。 （　　）

A. 失电压保护　　　　　　　　　　　B. 零励磁保护

C. 冷却液的压力过低保护　　　　　　D. 防止立柱与摇臂的夹紧应力过低

2. Z37 型摇臂钻床的摇臂升降控制，采用单台电动机的_____。 （　　）

A. 点动控制　　　　　　　　　　　　B. 点动联锁控制

C. 自锁控制　　　　　　　　　　　　D. 点动、双重联锁正反转控制

3. Z37 型摇臂钻床的摇臂升、降开始前，一定先使_____松开。 （　　）

A. 立柱　　　　　　B. 主轴箱　　　　　　C. 液压装置　　　　D. 联锁装置

4. Z37 型摇臂钻床的摇臂回转是靠_____实现的。 （　　）

A. 人工拉动　　　　　B. 自动控制　　　C. 电机拖动　　　　D. 机械传动

三、判断题

1. Z37 型摇臂钻床中，实现摇臂升降限位保护的电路是行程开关 SQ1 和 SQ2。 （　　）

2. Z37 型摇臂钻床主轴电动机 M2 的运行是通过接触器 KM1 和十字开关 SA 控制的。
（　　）

3. Z37 型摇臂钻床摇臂的松开和夹紧与立柱的松开和夹紧是由同一台电动机 M4 拖动液压装置完成的。 （　　）

四、综合题

1. Z37 型摇臂钻床电气控制中，行程开关 SQ1、SQ2、SQ3 起什么作用？

2. Z37 型摇臂钻床电气控制中，十字开关 SA 控制哪些电动机？

项目十六　万能铣床电气故障检修

铣床是一种通用的多用途机床，其使用范围仅次于车床。铣床可用于加工平面、斜面和沟槽；如果装上分度头，可以铣切直齿齿轮的螺旋面；如果装上圆工作台，还可以加工凸轮和弧形槽。铣床的种类很多，有卧式铣床、立式铣床、龙门铣床、仿形铣床和各种专用铣床等，其中以卧式和立式的万能铣床最为广泛。卧式铣床的主轴是水平的，而立式铣床的主轴是垂直的。那么，如何识读万能铣床的电气原理图，如何学会万能铣床电气故障的检修呢？

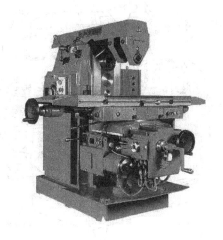

任务一　万能铣床电气原理图识读

任务描述

● **任务内容**

认识万能铣床的主要结构，识读万能铣床电气原理图。

● **任务目标**

◎ 熟悉 X62W 型万能铣床的主要结构，能说出其电气控制要求，知道其主要运动形式。

◎ 会识读 X62W 型万能铣床电气原理图，能说出电路的动作程序。

◎ 能列出 X62W 型万能铣床的主要电器元件明细表。

任务操作

● 认一认　认识万能铣床

（1）铣床的型号。铣床型号的含义如图 16.1 所示。

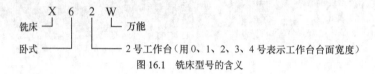

图 16.1　铣床型号的含义

（2）X62W 型万能铣床的主要结构及运动形式。X62 型万能铣床的主要结构如图 16.2 所示。X62 型万能铣床的主要由床身、悬梁及刀杆支架、工作台、横向溜板和升降台等部分组成。

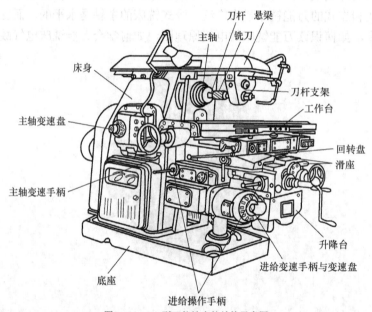

图 16.2　X62 型万能铣床的结构示意图

铣床的主运动是主轴带动刀杆和铣刀的旋转运动，进给运动是工件相对于铣床的移动，包括工作台带动工件在前后（纵向）、左右（横向）及上下（垂直）6 个方向的运动，辅助运动是工作台在 6 个方向的快速移动。

（3）X62W 型万能铣床的电力拖动特点及控要求。

① 主轴电动机一般选用笼型电动机，完成铣床的主运动。为适应顺铣和逆铣两种铣削方式的需要，主轴的正反转由电动机的正反转实现。主轴电动机没有电气调速，而是通过齿轮来实现变速。为缩短停车时间，主轴停车时采用电气制动，并要求变速冲动。

② 铣床的工作台前后、左右、上下 6 个方向的进给运动和工作台在 6 个方向的快速移动由进给电动机完成。进给电动机要求能正反转，并通过操纵手柄和机械离合器的配合来实现。进给的快速移动通过电磁铁和机械挂挡来完成。为扩大其加工能力，工作台可加装圆形工作

台，圆形工作台的回转运动由进给电动机经传动机构驱动。

③ 主运动和进给运动采用变速盘来进行速度选择，为保证变速齿轮啮合良好，两种运动都要求变速后作瞬时点动（即变速冲动）。

④ 根据加工工艺要求，铣床应具有以下电气联锁。

a．为防止刀具和铣床的损坏，要求只有主轴旋转后才有进给运动和工作台的快速移动。

b．为减小加工工件表面的粗糙度，只有进给停止后主轴才能停止或同时停止。铣床在电气上采用主轴和进给同时停止的方式，但由于主轴运动的惯性很大，实际上就保证了进给运动先停止，主轴运动后停止的要求。

c．工作台前后、左右、上下 6 个方向的进给运动中同时只能有一种运动产生，铣床采用机械操纵手柄和位置开关相配合的方式来实现 6 个方向的联锁。

⑤ 需要一台冷却泵电动机提供冷却液。

⑥ 必须具有短路、过载、失压和欠压等必要的保护装置。

● **读一读　识读万能铣床电气原理图**

X62W 型万能铣床电气原理图如图 16.3 所示。X62W 型万能铣床电气控制线路底边按数序分成 18 个区，其中，1 区为电源开关及全电路短路保护，2～5 区为主电路部分，6～18 区为控制电路部分，11～12 区为照明电路部分。

（1）识读主电路（2～5 区）。三相电源 L1、L2、L3 由电源开关 QS1 控制，熔断器 FU1 实现对全电路的短路保护（1 区）。从 2 区开始就是主电路。主电路有 3 台电动机。

① 主轴电动机 M1。2 区是主轴电动机 M1 的主电路。主轴电动机 M1 带动主轴旋转对工件进行加工，是主运动电动机。它由 KM1 的主触点控制，其控制线圈在 13 区。因其正反转不频繁，在启动前用组合开关 SA3 预先选择。主轴换相开关 SA3 在 4 个位置时各触点的通断情况见表 16.1。热继电器 FR1 作过载保护，其常闭触点在 13 区。M1 作直接启动，单向旋转。

表 16.1　　　　　　　　　　　主轴换相开关 SA3 的触点通断情况

位 置 触 点	正 转	停 止	反 转
SA3－1	－	－	＋
SA3－2	＋	－	－
SA3－3	＋	－	－
SA3－4	－	－	＋

注："＋"表示闭合，"－"表示断开。

② 冷却泵电动机 M3。3 区是冷却泵电动机 M3 的主电路。冷却泵电动机 M3 带动冷却泵供给铣刀和工件冷却液，同时利用冷却液带走铁屑。M3 由组合开关 QS2 作控制开关，在需要提供冷却液才接通。M1、M3 采用主电路顺序控制，所以 M1 启动后，M3 才可能启动。M2 由 KM2 的主触点控制，其控制线圈在 9 区。热继电器 FR2 作过载保护，其常闭触点在 13 区。M3 作直接启动，单向旋转。

③ 进给电动机 M2。4～5 区是进给电动机 M2 的主电路。进给电动机 M2 带动工作台作进给运动。它由 KM3、KM4 的主触点作正反转控制，其控制线圈在 17、18 区。热继电器 FR3 作过载保护，其常闭触点在 14 区。熔断器 FU2 作短路保护。M2 作直接启动，双向旋转。

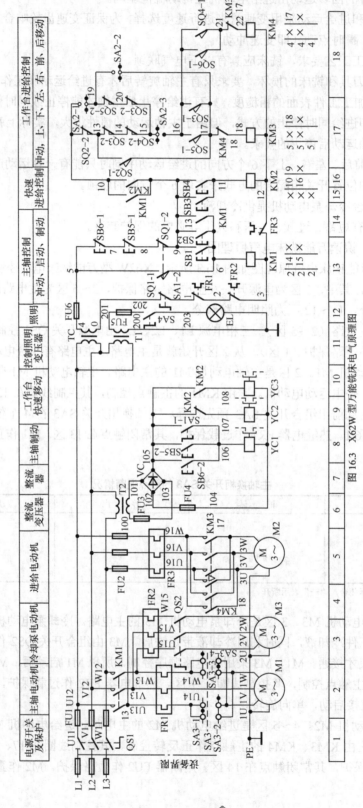

图 16.3 X62W 型万能铣床电气原理图

（2）识读控制电路（6～18 区）。控制电路包括交流控制电路和直流控制电路。交流控制电路由控制变压器 TC1 提供 110V 的工作电压，熔断器 FU6 作交流控制电路的短路保护（12 区）。直流控制电路的主轴制动、工作台工作进给和快速进给分别由电磁离合器 YC1（8区）、YC2（9 区）、YC3（10 区）实现。电磁离合器的直流工作电压由整流变压器 T2 降压为 36V 后经桥式整流器 VC 提供，熔断器 FU3、FU4 分别作整流器和直流控制电路的短路保护（6 区）。

① 主轴电动机 M1 的控制（8、13～14 区）。主轴电动机 M1 的控制包括主轴的启动、主轴制动和换刀制动及变换冲动。

a. 主轴的启动（13～14 区）。主轴电动机 M1 由交流接触器 KM1 控制，为两地控制单向控制电路。为方便操作，两组按钮安装在铣床的不同位置，SB1 和 SB5 安装在升降台上，SB2 和 SB6 安装在床身上。启动按钮 SB1、SB2（9-6）并联连接，停止按钮 SB5、SB6 的常开触点 SB5-1、SB6-1（5-7-8）串联连接，常闭触点 SB5-2、SB6-2（105-106）并联连接。

启动前，先按照顺铣或逆铣的工艺要求，用组合开关 SA3 预先确定 M1 的转向。

b. 主轴制动和换刀制动（8 区、13 区）。主轴制动由电磁离合器 YC1 实现。YC1 装在主轴传动系统与 M1 转轴相连的第一根传动轴上，当 YC1 通电时，将摩擦片压紧，对 M1 进行制动。

按 SB5 或 SB6 ┬─► SB5-1（7-8）或 SB6-1（5-7）触点断开 ─► KM1 线圈断电 ─► M1 停车
　　　　　　　└─► SB5-2 或 SB6-2（105-106）触点闭合 ─► YC1 线圈通电 ─► M1 制动

为了使主轴在换刀时不随意转动，换刀前应该将主轴制动，以免发生事故。主轴的换刀制动由组合开关 SA1 控制。

SA1 扳到换刀位置 ┬─► SA1-2（0-1）触点断开 ─► 控制电路断电
　　　　　　　　└─► SA1-1（105-106）触点闭合 ─► YC1 线圈通电 ─► M1 制动

换刀结束后，将 SA1 扳回工作位置，SA1 复位。

c. 主轴的变速冲动（13 区）。变速冲动是为了使主轴变速时变换后的齿轮能顺利啮合，主轴变速时主轴的电动机应能点动一下，进给变速时进给电动机也能点动一下。

主轴的变速冲动由行程开关 SQ1 实现。变速时，将变速手柄拉出，转动变速盘调节所需转速，然后再将变速手柄复位。在手柄复位的过程中，瞬间压动了行程开关 SQ1，手柄复位后，SQ1 也随之复位。

压下 SQ1 ┬─► SQ1-2（8-9）断开 ─► 断开其他支路
　　　　　└─► SQ1-1（5-6）闭合 ─► KM1 线圈通电 ─► M1 点动

② 进给电动机 M2 的控制（9～10、15～18 区）。工作台的进给运动分为工作（正常）进给和快速进给。工作进给必须在主轴电动机 M1 启动运行后才能进行，快速进给属于辅助运动，可以在 M1 不启动的情况下进行。因此，进给电动机 M2 须在主轴电动机 M1 或冷却泵电动机 M3 启动后才能启动，KM1、KM2 的常开触点（9-10）并联接在进给电路中，属控制电路顺序控制。它们分别由两个电磁离合器 YC2 和 YC3 来实现。YC2、YC3 均安装在进给传动链中的第 4 根传动轴上。当 YC2 吸合而 YC3 断开时，为工作进给；当 YC3 吸合而 YC2 断开时，为快速进给。

工作台在 6 个方向上的进给运动（17～18 区）由机械操作手柄带动相关的行程开关 SQ3～SQ6，通过接触器 KM3、KM4 来控制进给电动机 M2 正反转来实现的。行程开关 SQ3 和 SQ4

分别控制工作台的向前、向下和向后、向上运动，SQ5 和 SQ6 分别控制工作台的向右和向左运动。

a. 工作台的纵向（左右）进给运动（17～18 区）。先将圆工作台的转换开关 SA2 在"断开"位置上，SA2 各触点的通断情况见表 16.2。

表 16.2　　　　　　　　　　　圆工作台开关 SA2 的触点通断情况

位置触点	圆工作台	
	接　通	断　开
SA2－1	－	＋
SA2－2	＋	－
SA2－3	－	＋

注："＋"表示闭合，"－"表示断开。

工作台的纵向进给过程如下。

当纵向操作手柄扳"向右"时：

SQ5 动作　┌─ SQ5-2（19-20）触点断开
　　　　　└─ SQ5-1（16-17）触点闭合 → KM3 线圈通电 → M2 正转 → 工作台向右运动

当纵向操作手柄扳"向左"时：

SQ6 动作　┌─ SQ6-2（20-15）触点断开
　　　　　└─ SQ6-1（16-21）触点闭合 → KM4 线圈通电 → M2 反转 → 工作台向左运动

当将纵向操作手柄扳回中间位置时，一方面纵向运动的机械机构脱开，另一方面行程开关 SQ5、SQ6 均复位，其常开触点断开，KM3、KM4 断电，M2 停车，工作台停止运动。

在工作台的两端各有一块挡铁，当工作台移动到挡铁碰动纵向进给手柄位置时，会使纵向进给手柄回到中间位置，实现自动停车，即终端限位保护。调整挡铁在工作台上的位置，可以改变停车的终端位置。

b. 工作台的垂直（上下）与横向（前后）进给运动（17～18 区）。工作台垂直与横向进给运动由十字手柄操纵。十字手柄有两个，分别装在工作台左侧的前、后方，十字手柄有上、下、前、后和中间 5 个位置，扳动十字手柄时，通过它的联动机构将有关的传动机构接通。十字手柄位置与工作台运动关系见表 16.3。

表 16.3　　　　　　　　　　　十字手柄位置与工作台运动关系

手柄位置	行程开关动作	M2 转向	工作台运动
向下	SQ3	正转	向下
向上	SQ4	反转	向上
向前	SQ3	正转	向前
向后	SQ4	反转	向后
中间	不动作	不旋转	不运动

工作台垂直与横向进给工作过程如下。

当纵向操作手柄扳"向下"时：

SQ3 动作　┌─ SQ3-2（13-14）触点断开
　　　　　└─ SQ3-1（16-17）触点闭合 → KM3 线圈通电 → M2 正转 → 工作向下运动

当纵向操作手柄扳"向上"时,

SQ4 动作 ──┬─► SQ4-2(14-15)触点断开
　　　　　　└─► SQ4-1(16-21)触点闭合──►KM4 线圈通电──►M2 反转──►工作向上运动

当纵向操作手柄扳"向前"或"向后"时,虽然同样压动行程开关 SQ3 和 SQ4,但此时机械传动机构使工作台分别向前或向后运动。工作台垂直与横向进给工作均有限位保护。

c．工作台的快速进给(15~16 区)。要使工作台在 6 个方向上快速进给,在按工作进给的操作方法操纵进给控制手柄的同时,按下快速进给按钮 SB3(在床身的侧面)或 SB4(在工作台的前面)。工作台的快速进给工作过程如下。

按下 SB5(或 SB6)──►KM2 线圈通电 ──┬─► KM2 常闭触点(105-107)断开 ──► YC2 线圈断电 ──┐
　　　　　　　　　　　　　　　　　　　　　└─► KM2 常开触点(105-108)闭合 ──► YC3 线圈断电 ──┤

└─► 改变机械传动比,实现快速进给

由于 KM1 的常开触点(10-9)并联了 KM2 的常开触点,所以在 M1 不启动情况下,也可以进行快速进给。

d．圆工作台的控制(17~18 区)。圆工作台是机床的附件。在需要加工弧形槽、弧形面和螺旋槽时,可在工作台上安装圆工作台进行铣切。圆工作台的回转运动也由进给电动机 M2 拖动。圆工作台转换开关 SA2 的触点通断情况见表 16.2。在使用圆工作台时,将转换开关 SA2 扳至"接通"位置,SA2-2 触点(19-17)闭合,SA2-1(10-19)、SA2-3(15-16)触点断开。在主轴电动机 M1 启动的同时,KM3 线圈经(10-13-14-15-20-19-17-18)的路径通电,M2 正转,带动圆工作台旋转。从 KM3 线圈通电路径可见,只要扳动工作台进给操作的任何一个手柄,SQ3~SQ6 其中一个行程开关的常闭触点断开,都会切断 KM3 线圈支路,使圆工作台停止运动,从而保证了工作台的进给运动和圆工作台的旋转运动不会同时进行。

e．进给的变速冲动(17 区)。与主轴变速冲动一样,进给变速时进给电动机也应能点动一下,使进给变速时变换后的齿轮能顺利啮合。

进给的变速冲动由行程开关 SQ2 实现。变速时,将进给变速手柄拉出,转动变速盘调节所需转速,然后再将变速手柄复位。在手柄复位的过程中,在瞬间压动了行程开关 SQ2,手柄复位后,SQ2 也随之复位。

压下 SQ2 ──┬─► SQ2-1 常闭触点(10-13)断开
　　　　　　└─► SQ2-2 常开触点(13-17)闭合 ──► KM3 线圈通电 ──► M2 点动

KM3 线圈的通电路径为 10-19-20-15-14-13-17-18。由 KM3 的通电路径可见,只有在进给操作手柄均处于零位时,行程开关 SQ3~SQ6 均不动作时,才能进行进给变速冲动。

③ 冷却泵电动机 M3 的控制。冷却泵电动机 M3 须在 M1 启动后,才有可能启动。M3 由组合开关 QS2 作控制开关,在需要提供冷却液才接通。

(3)识读照明电路(11~12 区)。照明电路由照明变压器 TC 提供 24V 的安全工作电压,照明灯开关 SA4 控制照明灯 EL,熔断器 FU5 作照明电路的短路保护。

● 认一认 认识万能铣床主要电器元件

X62W 型万能铣床电器位置示意图如图 16.4 所示。对照表 16.4 X62W 型万能铣床主要电器元件明细表,认识 X62W 型万能铣床电器元件。

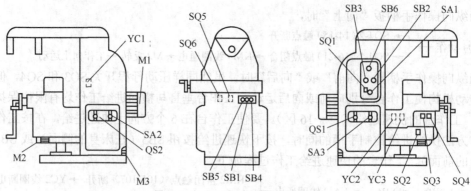

图 16.4　X62W 型万能铣床电器位置图

表 16.4　　　　　　　　　　　X62W 型万能铣床主要电器元件明细表

序　号	符　号	名　称	型　号	规　格	数　量	用　途
1	M1	主轴电动机	JO2-51-4	7.5kW　1 450 r/min	1	主轴运动动力
2	M2	进给电动机	JO2-52-4	1.5kW　1 410 r/min	1	进给和辅助运动动力
3	M3	冷却泵电动机	JCB-22	0.125kW　2 790 r/min	1	提供冷却液
4	FR1	热继电器	JR0-40/3	热元件额定电流16A，整定电流 13.85A	1	M1 的过载保护
5	FR2	热继电器	JR10-10/3	10 号热元件，整定电流 3.42A	1	M2 的过载保护
6	FR3	热继电器	JR10-10/3	1 号热元件，整定电流 0.145A	1	M3 的过载保护
7	KM1	交流接触器	CJ10-20	20A　线圈电压 110V	1	M1 的运行控制
8	KM2	交流接触器	CJ10-10	10A　线圈电压 110V	1	M3 的运行控制
9	KM3、KM4	交流接触器	CJ10-10	10A　线圈电压 110V	2	M2 的正反转控制
10	FU1	熔断器	RL1-60	380V 60A 配 60A 熔体	3	全电路短路保护
11	FU2	熔断器	RL1-15	380V 15A 配 5A 熔体	1	M2 短路保护
12	FU3	熔断器	RL1-15	380V 15A 配 5A 熔体	1	直流控制电路短路保护
13	FU4	熔断器	RL1-15	380V 15A 配 5A 熔体	1	整流器短路保护
14	FU5	熔断器	RL1-15	380V 15A 配 1A 熔体	1	照明电路短路保护
15	FU6	熔断器	RL1-15	380V 15A 配 1A 熔体	1	交流控制电路短路保护
16	SB1、SB2	按钮	LA2	500V　5A　红色	2	M1 启动按钮
17	SB3、SB4	按钮	LA2	500V　5A　绿色	2	快速进给点动按钮
18	SB5、SB6	按钮	LA2	500V　5A　黑色	2	M1 停车、制动按钮
19	QS1	组合开关	HZ1-60/3J	三极　60A　500V	1	电源引入开关
20	QS2	组合开关	HZ1-10/3J	三极　10A　500V	1	M3 控制开关
21	SA1	组合开关	HZ1-10/3J	三极　10A　500V	1	换刀制动开关
22	SA2	组合开关	HZ1-10/3J	三极　10A　500V	1	圆工作台开关
23	SA3	组合开关	HX3-60/3J	三极　60A　500V	1	M1 换向开关
24	SA4	组合开关	HZ10-10/2	二极　10A	1	铣床照明灯开关
25	SQ1	行程开关	LX1-11K	开启式　6A	1	主轴变速冲动开关
26	SQ2	行程开关	LX3-11K	开启式　6A	1	进给变速冲动开关
27	SQ3~ SQ6	行程开关	LX2-131	单轮自动复位 6V	4	进给运动控制开关

任务评议

请将"万能铣床电气原理图识读"实训评分填入"生产机械电气原理图识读实训评分表"。

任务拓展

- **拓展 识读机床电气原理图主电路的基本方法**

（1）看电路及设备的供电电源（车间机械生产多用 380V、50Hz 三相交流电）。

（2）分析主电路共用了几台电动机并了解各台电动机的功能。

（3）分析各台电动机的工作状况（如启动、制动方式、是否正反转、有无调速等）和它们的制约关系。

（4）了解电动机经过哪些控制电器（如刀开关和交流接触器主触点等）得到了电源、与这些器件有关联的部分各处在图上哪个区域，各台电动机相关的保护电器（如熔断器、热继电器与低压断路器中的脱扣器等）有哪些。

任务二　万能铣床常见电气故障检修

任务描述

- **任务内容**

检修万能铣床常见电气故障。

- **任务目标**

◎ 会操作 X62W 型万能铣床电气部分。

◎ 会检修 X62W 型万能铣床常见电气故障。

任务操作

- **看一看 观察万能铣床电气的控制过程**

（1）开车前准备。合上电源开关 QS1，指示灯亮。将各操作手柄置于合理位置。

（2）主轴电动机 M1 控制。在无故障状态下，用组合开关 SA3 预先确定主轴电动机 M1 的转向，按表 16.5 所列操作，观察交流接触器 KM1 和主轴电动机 M1 的动作情况，并做好记录。

表 16.5　　　　　　　　　　主轴电动机 M1 控制情况记载表

序　号	操 作 内 容	观 察 现 象	
		交流接触器 KM1	主轴电动机 M1
1	按下按钮 SB1（或 SB2）		
2	按下按钮 SB5（或 SB6）		
3	SA1 扳到换刀位置		
4	SA1 扳到工作位置		
5	拉出变速手柄		
6	变速手柄复位		

（3）冷却泵电动机 M3 控制。在无故障状态下，启动主轴电动机 M1 后，按表 16.6 所列操作，观察启动冷却泵电动机 M2 的动作情况，并做好记录。

表 16.6　　　　　　　　　　冷却泵电动机 M3 控制情况记载表

序　号	操 作 内 容	观 察 现 象
		冷却泵电动机 M3
1	合上组合开关 QS2	
2	断开组合开关 QS2	

（4）进给电动机 M2 控制。在无故障状态下，按表 16.7 所列操作，观察进给电动机 M2 和交流接触器 KM3、KM4 的动作情况，并做好记录。

表 16.7　　　　　　　　　　进给电动机 M2 控制情况记载表

序　号	操 作 内 容	观 察 现 象		
		交流接触器 KM3	交流接触器 KM4	进给电动机 M2
1	转换开关 SA2 拨到"接通"位置			
2	转换开关 SA2 拨到"断开"位置			
3	纵向操作手柄扳"向右"位置			
4	纵向操作手柄扳"向左"位置			
5	纵向操作手柄扳"中间"位置			
6	十字手柄扳"向下"位置			
7	十字手柄扳"向上"位置			
8	十字手柄扳"中间"位置			
9	十字手柄扳"向前"位置			
10	十字手柄扳"向后"位置			
11	十字手柄扳"中间"位置			

● **做一做　处理万能铣床电气故障**

处理 X62W 型万能铣床电气故障 3 处。操作过程中，建议首先在知道故障点的情况下观察各种故障现象，然后在不知道故障点的情况下，根据故障现象进行分析，处理故障。

现以"主轴电动机 M1 不能正常启动"这个故障为例，说明万能铣床电气故障处理过程。

（1）观察故障现象。按表 16.8 所列设置故障点，观察故障现象，并做好记录。

表 16.8　　　　　　　　"主轴电动机 M1 不能正常启动"故障观察记载表

序　号	故　障　点	观　察　现　象		
		信号灯	主轴电动机 M1	交流接触器 KM1
1	FU1 熔断或连线断路			
2	KM1 主触点接触不良			
3	FU6 熔断或连线断路			
4	KM1 线圈开路或连线断路			

（2）分析故障现象。根据上述故障点及故障现象，结合电气原理图，分析造成"主轴电动机 M1 不能正常启动"的故障原因见表 16.9。

表 16.9　　　X62W 万能铣床"主轴电动机 M1 不能正常启动"故障原因及修复方法

故障现象	故障电路	故　障　原　因	修　复　方　法
主轴电动机 M1 不能启动	电源电路	（1）电源开关 QS1 接触不良或连线断路	更换相同规格和型号的熔体或将连线接好
		（2）熔断器 FU1 熔断或连线断路	更换相同规格的断路器或将连线接好
	主电路	（3）接触器 KM1 主触点接触不良	更换相同规格的交流接触器
		（4）热继电器 FR1 热元件损坏或连线断路	更换相同规格的热继电器或将连线接好
		（5）SA3 接触不良	修复更换主轴换向开关
		（6）电动机机械部分损坏	修复或更换电动机
	控制电路	（7）FU6 熔断或连线断路	更换相同规格和型号的熔体或将连线接好
		（8）热继电器 FR1、FR2 常闭触点尚未复位，热继电器的规格选配不当，热继电器的整定电流过小或连线断路	热继电器复位、正确选配热继电器、调整热继电器的整定电流或将连线接好
		（9）SB1、SB2 接触不良或连线断路	修复更换 SB1、SB2 或将连线接好
		（10）SB5、SB6 接触不良或连线断路	修复更换 SB5、SB 或将连线接好
		（11）KM1 线圈开路或连线断路	更换相同型号的接触器或将连线接好

（3）确定故障点。教师设置故障点，学生分组查找故障。以表 16.9 中故障（11）"KM1 线圈开路或连线断路"为例，其故障点确定流程如图 16.5 所示。

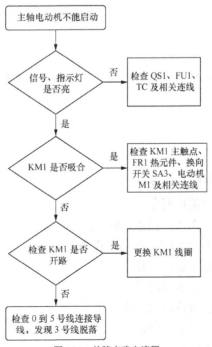

图 16.5　故障点确定流程

（4）修复故障。根据故障原因，修复故障，见表16.9。

（5）通电试车。

X62W型万能铣床常见电气故障处理方法见表16.10。

表16.10   X62W万能铣床常见电气故障处理方法

序号	故障现象	故障电路	故障原因	排除措施
1	主轴电动机不能制动	控制电路	（1）电磁离合器YC1线圈断路	修复更换电磁离合器YC1
			（2）FU3、FU4接触不良或连线断路	更换相同规格的熔断器或将连线接好
			（3）整流器VC中的二极管损坏	更换损坏的二极管
2	工作台各个方向不能进给	主电路	（1）FU2接触不良或连线断路	更换相同规格的熔断器或将连线接好
			（2）KM3、KM4主触点熔焊、被杂物卡住不能断开或线圈有剩磁造成触点不能复位	修复或更换接触器
		控制电路	（3）SA2处于"断开"位置	将工作台开关处于"接通"位置
			（4）M1没有启动	启动主轴电动机
			（5）KM3、KM4常闭触点接触不良或连线断路	修复更换交流接触器或将连线接好
			（6）SQ2-2在复位时没有接通或接触不良	修复更换变速冲动开关
3	工作台能前后进给，不能左右、上下进给	控制电路	SQ3、QS4螺钉松动、开关移位、接触不良触点、不能复位或连线断路	修复更换前后进给行程开关或将连线接好
4	工作台不能快速移动	控制电路	（1）SB3、SB4常开接触不良或连线断路	修复更换SB1、SB2或将连线接好
			（2）KM2线圈断路或连线断路	更换相同型号的接触器或将连线接好
			（3）电磁离合器YC3线圈断路	修复更换电磁离合器YC3

任务评议

请将"万能铣床电气控制线路检修"实训评分填入"生产机械电气控制线路检修实训评分表"。

任务拓展

● **拓展1   电器装置检修质量标准**

（1）外观整洁，无破损和碳化现象。

（2）所有触点均应完整、光洁，接触良好。

（3）压力弹簧和反作用力弹簧应具有足够的弹力。

（4）操纵、复位机构都必须灵活可靠。

（5）各种衔铁运动灵活，无卡阻现象。

（6）整定数值大小应符合电路使用要求。

（7）灭弧罩完整、清洁，安装牢固。

（8）指示装置能正常发出信号。

● **拓展 2　机床电气故障处理方法 4——电压分阶测量法**

用电压分阶测量法检修机床电气故障时，首先将万用表的量程置于交流电压 500V 挡。图 16.6 所示是 X62W 万能铣床立柱松开控制电路,用电压分阶测量法所测的电压值及故障点见表 16.11。

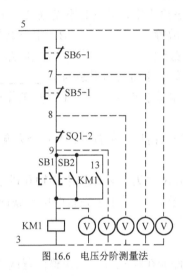

图 16.6　电压分阶测量法

表 16.11　　　　　　　　用电压分阶测量法所测的电压值及故障点

故 障 现 象	测 试 状 态	3—5	3—7	3—8	3—9	3—6	故 障 点
按下SB1或SB2，KM1不吸合	按下SB1或SB2不放	0	0	0	0	0	没有电源（FU6 熔断）
		110	0	0	0	0	SB6-1 常闭触点接触不良或连线断路
		110	110	0	0	0	SB5-1 常闭触点接触不良或连线断路
		110	110	110	0	0	SQ1-2 常闭触点接触不良或连线断路
		110	110	110	110	0	SB1 或 SB2 触点接触不良或连线断路
		110	1101	110	110	110	KM1 线圈断路或连线断路

综 合 练 习

一、填空题

1．X62W 型万能铣床主电路有＿＿＿＿台电动机，分别是＿＿＿＿、＿＿＿＿和＿＿＿＿。

2．X62W 型万能铣床进给电动机 M2 的启动条件是＿＿＿＿，进给电动机 M2 须在＿＿＿＿启动后才能启动。

3．X62W 型万能铣床的主轴运动和进给运动采用＿＿＿＿进行速度选择，为保证变速齿轮啮合良好，两种运动都要求作＿＿＿＿。

二、选择题

1．X62W 型万能铣床控制线路图中，VC 是＿＿＿＿。　　　　　　　　　（　　）

A．电磁离合器　　　　B．液压阀　　　　　　C．整流器　　　　　D．电磁阀

2．X62W 型万能铣床控制线路图中，实现主轴电动机 M1 换向的电器是_____。（　　）

A．组合开关 SA3　　　B．接触器 KM1　　　C．接触器 KM3　　D．接触器 KM4

3．X62W 型万能铣床控制线路图中，KM3、KM4 常闭触点的作用是_____。（　　）

A．自锁　　　　　　B．联锁　　　　　　C．失压保护　　　D．过载保护

4．X62W 型万能铣床前后进给正常，但左右不能进给，其故障范围是_____。（　　）

A．主电路正常，控制电路故障　　　　　B．主电路故障，控制电路正常

C．主电路、控制电路都有故障　　　　　D．主电路、控制电路以外的故障

5．X62W 型万能铣床进给变速冲动的作用是为了_____。　　　　　　（　　）

A．快速进给　　　　B．电动机点动　　　C．圆工作台工作　D．变速时齿轮容易啮合

三、判断题

1．X62W 型万能铣床的工作台前后、左右、上下 6 个方向的进给运动和工作台在 6 个方向快速移动由进给电动机完成。　　　　　　　　　　　　　　　　　　　（　　）

2．为了提高工作效率，X62W 型万能铣床要求主轴和进给能同时启动和停止。（　　）

3．X62W 型万能铣床电气线路中，采用了完备的电气联锁措施，主轴电动机启动后才允许工作台作进给运动和快速移动。　　　　　　　　　　　　　　　　　　　（　　）

四、综合题

1．X62W 型万能铣床的工件能在哪些方向上调整位置或进给？

2．X62W 型万能铣床主轴电动机 M1 的控制有哪些？

项目十七   卧式镗床电气故障检修

镗床是一种孔加工机床，用来镗孔、钻孔、扩孔和铰孔等，主要用于加工精确的孔和各孔间的距离要求较精确的工件。镗床的主要类型有卧式镗床、坐标镗床、金钢镗床和专用镗床等，其中以卧式镗床应用最为广泛。那么，如何识读卧式镗床的电气原理图、如何学会卧式镗床电气故障的检修呢？

任务一   卧式镗床电气原理图识读

任务描述

- **任务内容**
认识卧式镗床的主要结构，识读卧式镗床电气原理图。
- **任务目标**
◎ 熟悉 T68 型卧式镗床的主要结构，能说出其电气控制要求，知道其主要运动形式。
◎ 会识读 T68 型卧式镗床电气原理图，能说出电路的动作程序。
◎ 能列出 T68 型卧式镗床的主要电器元件明细表。

任务操作

- **认一认   认识卧式镗床**
（1）镗床的型号。镗床型号的含义如图 17.1 所示。

图 17.1　镗床型号的含义

（2）T68 型卧式镗床的主要结构及运动形式。T68 型卧式镗床的主要结构如图 17.2 所示。T68 型卧式镗床主要由床身、前立柱、主轴箱、镗头架、主轴、平旋盘、工作台和后立柱等部分组成。

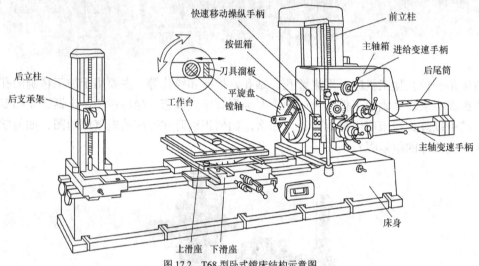

图 17.2　T68 型卧式镗床结构示意图

镗床的主运动是镗轴和花盘的旋转运动，进给运动有镗轴的轴向移动、花盘上刀具溜板的径向移动、工作台的横向移动、工作台的纵向移动和镗头架的垂直进给，辅助运动有工作台的旋转、尾架随同镗头架的升降和后立柱的水平移动。

（3）T68 型卧式镗床的电力拖动特点及控制要求。

① 主轴电动机完成镗床的主运动和进给运动。为适应各种形式和各种工件的加工需要，要求镗床的主轴有较宽的调速范围。因此，多采用双速或三速笼型异步电动机拖动的滑移齿轮有级变速系统。目前，采用电力电子器件控制的无级调速系统已在镗床上得到广泛应用。

② 主轴电动机要求能正反转，可以点动调整，有电气制动，通常采用反接制动。

③ 镗床的主运动和进给运动采用机械滑移齿轮有级变速系统，为保证变速齿轮啮合良好，要求有变速冲动。

④ 为了缩短调整工件和刀具间相对位置的时间，卧式镗床和各种进给运动部件要求能快速移动，一般由快速进给电动机单独拖动。

⑤ 必须具有短路、过载、失压和欠压等必要的保护装置。

⑥ 具有安全的局部照明装置。

● **读一读**　**识读卧式镗床电气原理图**

T68 型卧式镗床电气控制线路如图 17.3 所示，电器位置图如图 17.4 所示，电器元件明细见表 17.2。T68 型卧式镗床电气原理图底边按数序分成 18 个区，其中，1 区为电源开关及全电路短路保护，2～5 区为主电路部分，8～18 区为控制电路部分，6 区为控制电源及照明电路，7 区为电源指示电路部分。

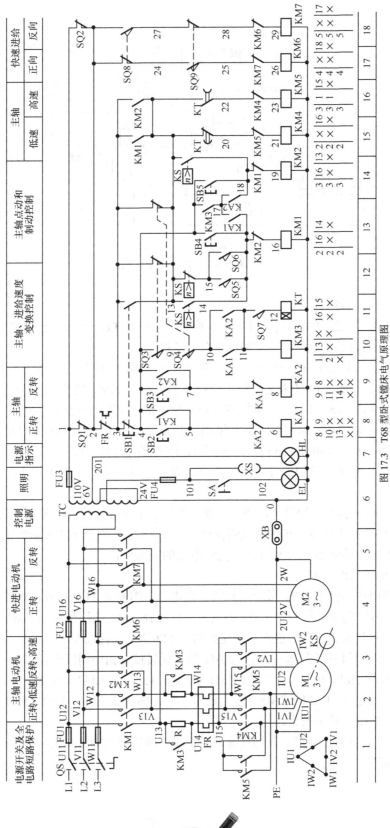

图 17.3 T68 型卧式镗床电气原理图

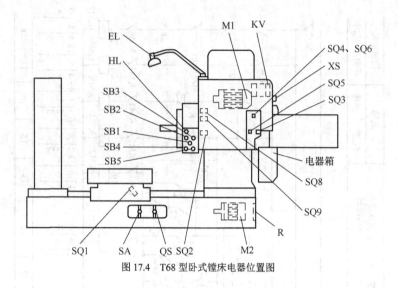

图 17.4　T68 型卧式镗床电器位置图

1．主电路（2～5 区）

三相电源 L1、L2、L3 由电源开关 QS 控制，熔断器 FU1 实现对全电路的短路保护（1 区）。从 2 区开始就是主电路。主电路有 2 台电动机。

（1）M1（2、3 区）是主轴电动机，带动主轴旋转对工件进行加工，是主运动和进给运动电动机。它是一台双速电动机，由接触器 KM1、KM2 的主触点分别控制正反转，其控制线圈分别在 13～14 区。接触器 KM3 的主触点和制动电阻 R 并联，其控制线圈在 10 区。接触器 KM4、KM5 控制主轴电动机高低速：低速时 KM4 得电，M1 的定子绕组为△连接，$n_N = 1\,460$ r /min；高速时 KM5 吸合，M1 的定子绕组为 YY 连接，$n_N = 2\,880$ r /min。KM4、KM5 的控制线圈分别在 15、16 区。热继电器 FR 作 M1 的过载保护。

（2）M2（4、5 区）是快进电动机，带动主轴箱、工作台等的快速调位移动。它由 KM6、KM7 的主触点控制正反转，其控制线圈分别在 17、18 区。由于 M2 是短时工作，因此，不需要作过载保护。熔断器 FU2 作 M2 及控制电路的短路保护。

2．控制电路（8～18 区）

控制电路由控制变压器 TC 提供 110V 工作电压，熔断器 FU3 作控制电路的短路保护。控制电路包括 M1 的正反转控制、M1 的双速运行控制、M1 的停车制动、M1 的点动控制、主轴的变速控制和变速冲动、进给的变速控制及 M2 的正反转控制。

（1）M1 的正反转控制（8～16 区）。M1 的正反转控制由中间继电器 KA1（正转启动，8 区）、KA2（反转启动，9 区）、接触器 KM1（正转，13 区）、KM2（反转，14 区）、KM3（短接制动电阻，10 区）、KM4、KM5（高、低速，15、16 区）完成，SB2、SB3 分别为正、反转启动按钮，SB1 为停车按钮。

M1 启动前，首先选择好主轴的转速和进给量，调整好主轴箱和工作台的位置。M1 的正转控制过程如下：

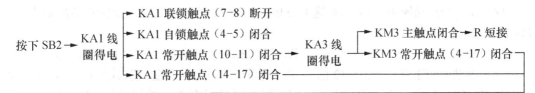

同理，在反转启动运行时，按下 SB3，线圈得电的顺序为：KA2→KM3→KM2→KM4。

行程开关 SQ1 为工作台、主轴箱进给联锁保护，SQ2 为主轴进给联锁保护。

（2）M1 的双速运行控制（15、16 区）。若 M1 为低速运行，此时机床的主轴变速手柄置于"低速"位置，行程开关 SQ7 不动作，SQ7 常开触点（11-12）断开，时间继电器 KT 线圈不得电。

若要使 M1 为高速运行，将机床的主轴变速手柄置于"高速"位置。M1 的高速运行工作过程如下。

不论 M1 是停车还是低速运行，只要将变速手柄转至高速挡，M1 都是先低速启动或运行，再由时间继电器 KT 经 1～2s 延时后自动切换到高速运行。

（3）M1 的停车制动（13～14 区）。M1 采用反接制动，由与 M1 同轴的速度继电器 KS 控制反接制动。当 M1 的转速达到约 120 r/min 以上时，KS 的触点动作；当转速降低 120r/min 以下时，KS 的触点复位。

M1 正转高速运行时的反接制动过程如下。

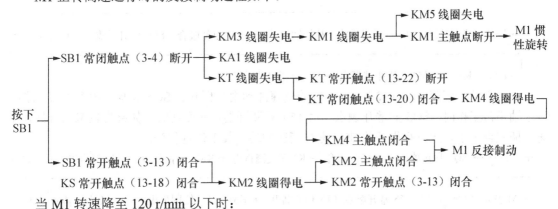

当 M1 转速降至 120 r/min 以下时：

KS 常开触点（13-18）断开→KM2 线圈失电→M1 制动结束，电动机停车

如果是 M1 反转时制动，则由 KS 的另一对常开触点（13-14）闭合，控制 KM1、KM4 进行反接制动。

（4）M1 的点动控制（13、14 区）。SB4、SB5 分别为 M1 的正反转点动控制按钮。当 M1 需要点动调整时：

　　按下 SB4（或 SB5）→ KM1（或 KM2）线圈得电 → KM4 线圈得电 → M1 串 R 低速点动

（5）主轴的变速控制（10～12 区）。在主轴箱和工作台的位置调整好后其常闭触点均处于闭合状态。行程开关 SQ3～SQ6 分别为进给变速控制和主轴变速控制开关，其状态见表 17.1。

表 17.1　　　　　　　　　　　主轴和进给变速行程开关 SQ3～SQ6 状态表

	相关行程开关触点	正 常 工 作	变　　速	变速后手柄推不上时
主轴变速	SQ3（4-9）	+	−	−
	SQ3（3-13）	−	+	+
	SQ5（14-15）	−	+	+
进给变速	SQ4（9-10）	+	−	−
	SQ4（3-13）	−	+	+
	SQ6（14-15）	−	−	+

注："+"表示接通，"−"表示断开。

　　主轴的各种转速是由变速操纵盘来调节变速传动系统而实现的。因此，若要进行主轴变速，不必按停车按钮，只要将主轴变速操作盘的操作手柄拉出，与变速手柄有机械联系的行程开关 SQ3、SQ4 均复位。其变速控制过程如下。

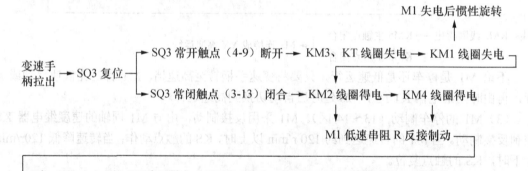

（6）主轴的变速冲动（12 区）。主轴的变速冲动由行程开关 SQ5 控制，由表 17.1 可知，在主轴正常工作时，SQ5 的常开触点（14-15）是断开的。在变速时，如果齿轮未啮合好，变速手柄就合不上，压下行程开关 SQ5 进行变速冲动，其工作过程为：

压下 SQ5 → SQ5 常开触点（14-15）闭合 → KM3 线圈得电 → KM4 线圈得电 → M1 低速串阻 R 启动

→ M 当 n> 120r/min 时，KS 常开触点（13-15）断开 → KM1、K4 线圈失电 → M1 失电，转速下降

→ 当 n<40 r/min 时，KS 常开触点（13-15）闭合 → KM1、KM4 线圈得电 → M1 再次启动

　　如此循环，M1 的转速在 40～120 r/min 反复升降，直至齿轮啮合好以后，推上变速手柄，

SQ5 复位，变速冲动结束。

（7）进给的变速控制（10～12 区）。进给的变速控制与主轴的变速控制基本相同，只是在进给的变速控制时，拉动的是进给变速手柄，动作的行程开关是 SQ4 和 SQ6。

（8）M2 的控制（17、18 区）。M2 的控制电路是接触器、行程开关双重联锁的正反转控制电路，SQ9、SQ8 分别为正反向快进控制行程开关。将快进操纵手柄往里（外）推，压下行程开关 SQ9（SQ8），接通接触器 KM6（KM7）支路，电动机 M2 正转（反转），通过机械传动实现正向（反向）快速进给运动。

3．照明电路（6～7 区）

照明电路由控制变压器 TC 提供 24V 安全电压供给照明灯 EL，FU4 是照明电路的短路保护。照明灯 EL 一端接地，SA 为灯开关，XS 为 24V 电源插座（6 区）。电源指示灯 HL 由 TC 提供 6V 安全电压（7 区）。

- 认一认　认识卧式镗床主要电器元件

对照表 17.2 T68 型卧式镗床主要电器元件明细表，认识 T68 型卧式镗床电器元件。

表 17.2　　　　　　　　　　　T68 型卧式镗床元器件明细表

符　号	名　称	型　号	规　格	数　量	用　途
M1	主轴电动机	Y132M-4-B3	5.5/7.5 kW 1 460/2 880r/min	1	主轴和常速进给动力
M2	快进电动机	Y100L1-4	2.2 kW　1 420r/min	1	快速进给动力
FR	热继电器	JR16-20/3D	11 号热元件整定电流 16A	1	M1 的过载保护
KM1	交流接触器	CJ10-40	40A　线圈电压 110V	1	M1 正转控制
KM2	交流接触器	CJ10-40	40A　线圈电压 110V	1	M1 反转控制
KM3	交流接触器	CJ10-40	40A　线圈电压 110V	1	短接制动电阻
KM4	交流接触器	CJ10-40	40A　线圈电压 110V	1	M1 低速控制
KM5	交流接触器	CJ10-40	40A　线圈电压 110V	2	M1 高速控制
KM6	交流接触器	CJ10-20	20A　线圈电压 110V	1	M2 正转控制
KM7	交流接触器	CJ10-20	20A　线圈电压 110V	1	M2 反转控制
KT	时间继电器	JS7-2A	线圈电压 110V 整定时间 3s	1	低速→高速转换时间控制
KA1	中间继电器	JZ7-44	线圈电压 110V	1	M1 正转启动控制
KA2	中间继电器	JZ7-44	线圈电压 110V	1	M1 反转启动控制
KV	速度继电器	JY-1	500V 2A	1	反接制动
FU1	熔断器	RL1-60	380V 60A 配 40A 熔体	3	全电路的短路保护
FU2	熔断器	RL1-15	380V 15A 配 15A 熔体	3	M2 及控制电路的短路保护
FU3	熔断器	RL1-15	380V 15A 配 4A 熔体	1	控制电路的短路保护
FU4	熔断器	RL1-15	380V 15A 配 4A 熔体	1	照明电路的短路保护
SB1	按钮	LA2	380V　5A　红色	1	M1 停车制动按钮
SB2	按钮	LA2	380V　5A　黑色	1	M1 正转启动按钮
SB3	按钮	LA2	380V　5A　绿色	1	M1 反转启动按钮
SB4	按钮	LA2	380V　5A　黑色	1	M1 正转点动按钮
SB5	按钮	LA2	380V　5A　绿色	1	M1 反转点动按钮
SQ1	行程开关	LX1-11H	380V　5A　防溅式	1	工作台、主轴箱进给联锁保护
SQ2	行程开关	LX3-11K	380V　5A　开启式	1	主轴进给联锁保护
SQ3	行程开关	LX1-11K	380V　5A　开启式	1	主轴变速控制
SQ4	行程开关	LX1-11K	380V　5A　开启式	1	进给变速控制

续表

符 号	名 称	型 号	规 格	数 量	用 途
SQ5	行程开关	LX1-11K	380V 5A 开启式	1	主轴变速冲动控制
SQ6	行程开关	LX1-11K	380V 5A 开启式	1	进给变速冲动控制
SQ7	行程开关	LX5-11	380V 5A 开启式	1	高、低速控制
SQ8	行程开关	LX3-11K	380V 5A 开启式	1	反向快进控制
SQ9	行程开关	LX3-11K	380V 5A 开启式	1	正向快进控制
QS	组合开关	HZ2-60/3	380V 60A 三极	1	电源引入开关
SA	组合开关	HZ5-10/1.7	380V 10A	1	照明灯开关
TC	控制变压器	BK-300	300VA 380/110、24、6V	1	控制、照明和信号指示电路供电
EL	镗床照明灯	K-1	配40W、24V 白炽灯	1	工作照明
HL	指示灯	DX1-0	配6V、0.15A 白炽灯	1	电源指示灯
R	电阻器	ZB2-0.9	0.9Ω	2	限制 M1 制动电流
XS	插座		T 型	1	专用插座

任务评议

请将"卧式镗床电气原理图识读"实训评分填入"生产机械电气原理图识读实训评分表"。

任务拓展

- **拓展 机床电气故障处理注意事项**

（1）熟悉机床电气控制原理图的基本环节及控制要求。

（2）检修所用的工具、仪表符合使用要求。

（3）排除故障时，必须修复故障点，不得采用元件替换法。

（4）检修时，严禁扩大故障范围或产生新的故障。

（5）停电要验电，带电检修时，必须在指导教师监护下检修，以确保安全。

任务二 卧式镗床常见电气故障检修

任务描述

- **任务内容**

检修卧式镗床常见电气故障。

- **任务目标**

◎ 会操作 T68 型卧式镗床电气部分。

◎ 会检修 T68 型卧式镗床常见电气故障。

任务操作

● 看一看 观察卧式镗床电气的控制过程

（1）开车前准备。合上电源开关 QS1，将各操作手柄置于合理位置。

（2）主轴电动机正反转、双速、制动控制。在无故障状态下，按表 17.3 所列操作，观察主轴电动机 M1 和交流接触器 KM1~KM5 的动作情况，并做好记录。

表 17.3 主轴电动机 M1 正反转、双速、制动控制情况记载表

序 号	操作内容	观 察 现 象					
		交流接触器 KM1	交流接触器 KM2	交流接触器 KM3	交流接触器 KM4	交流接触器 KM5	主轴电动机 M6
1	按下 SB2						
2	按下 SB1						
3	按下 SB3						
4	按下 SB1						
5	将变速手柄置于"低速"位置						
6	按下 SB1						
7	将变速手柄置于"高速"位置						
8	按下 SB1						
9	按下 SB4						
10	按下 SB5						

（3）主轴电动机变速控制。在无故障状态下，按表 17.4 所列操作，观察主轴电动机 M1 和交流接触器 KM1～KM5 的动作情况，并做好记录。

表 17.4 主轴电动机 M1 正反转、双速、制动控制情况记载表

序 号	操 作 内 容	观 察 现 象					
		交流接触器 KM1	交流接触器 KM2	交流接触器 KM3	交流接触器 KM4	交流接触器 KM5	主轴电动机 M6
1	拉出主轴变速手柄						
2	转动变速盘						
3	拉出进给变速手柄						
4	转动变速盘						
5	压下行程开关 SQ5						

（4）快速进给电动机 M2 控制。在无故障状态下，按表 17.5 所列操作，观察快速进给电动机 M2 卧式升降电动机 M3 和交流接触器 KM6、KM7 的动作情况，并作好记录。

表 17.5 快速进给电动机 M2 控制情况记载表

序 号	操 作 内 容	观 察 现 象		
		交流接触器 KM6	交流接触器 KM7	快速进给电动机 M2
1	压下行程开关 SQ8			
2	压下行程开关 SQ9			

● 做一做 处理卧式镗床电气故障

处理 T68 型卧式镗床电气故障 3 处。操作过程中，建议首先在知道故障点的情况下观察

各种故障现象，然后在不知道故障点的情况下，根据故障现象进行分析，处理故障。

现以"所有电动机不能正常启动"这个故障为例，说明卧式镗床电气故障处理过程。

（1）观察故障现象。按表 17.6 所列设置故障点，观察故障现象，并做好记录。

表 17.6　　　　　　　　"所有电动机不能正常启动"故障观察记载表

序　号	故　障　点	观　察　现　象		
		照明灯、指示灯	电动机 M1、M2	所有交流接触器
1	FU1 熔断或连线断路			
2	TC 线圈损坏			
3	FU2 熔断或连线断路			
4	FU3 熔断或连线断路			

（2）分析故障现象。根据上述故障点及故障现象，结合电气原理图，分析造成"所有电动机不能正常启动"的故障原因见表 17.7。

表 17.7　　　　　　T68 卧式镗床"所有电动机不能正常启动"故障原因及修复方法

故障现象	故障电路	故　障　原　因	修　复　方　法
所有电动机 不能启动	电源电路	（1）电源开关 QS 接触不良或连线断路	更换相同规格的电源开关或将连线接好
		（2）FU1 熔断或连线断路	更换相同规格的熔断器或将连线接好
	主电路	（3）FU2 熔断或连线断路	更换相同规格和型号的熔体或将连线接好
	控制电路	（4）TC 线圈损坏	更换相同规格的变压器 TC
		（5）FU3 熔断或连线断路	更换相同规格和型号的熔体或将连线接好

（3）确定故障点。教师设置故障点，学生分组查找故障。以表 17.7 中故障（5）"FU3 熔断或连线断路"为例，其故障点确定流程如图 17.5 所示。

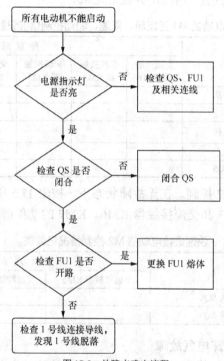

图 17.5　故障点确定流程

（4）修复故障。根据故障原因，修复故障，见表17.7。

（5）通电试车。

T68型卧式镗床常见电气故障处理方法见表17.8。

表17.8   T68型卧式镗床常见电气故障处理方法

序 号	故障现象	故障电路	故 障 原 因	排 除 措 施
1	主轴电动机不能启动	主电路	（1）QS1接触不良或连线断路	更换相同规格的电源开关或将连线接好
			（2）FU1接触不良或连线断路	更换相同规格的熔断器或将连线接好
			（3）KM4主触点熔焊、被杂物卡住不能断开或线圈有剩磁造成触点不能复位	修复或更换接触器
		控制电路	（4）SQ1常闭触点动作不复位、接触不良、连线断路或有油垢	复位或修复更换相同型号的行程开关
			（5）FR常闭触点动作不复位、接触不良或连线断路或有油垢	复位或修复更换相同型号的热继电器
			（6）SB1常闭触点击穿或短路	修复更换SB1
2	主轴电动机只能单方向低速运行	主电路	（1）KM1或KM2主触点熔焊、被杂物卡住不能断开或线圈有剩磁造成触点不能复位	修复或更换接触器
		控制电路	（2）SB2或SB3常开触点接触不良或连线断路	修复更换SB2或将连线接好
3	主轴电动机低速启动不能高速运行	控制电路	（1）KT线圈断路、常闭触点不能延时断开或常开触点不能延时闭合	修复更换时间继电器
			（2）SQ7触点接触不良或连线断路	修复更换行程开关或将连线接好
4	进给部件不能快速移动	控制电路	（1）SB8、SB9常开接触不良或连线断路	修复更换行程开关或将连线接好
			（2）KM6、KM7线圈断路断连线断路	更换相同型号的接触器或将连线接好

任务评议

请将"卧式镗床电气控制线路检修"实训评分填入"生产机械电气控制线路检修实训评分表"。

任务拓展

● 拓展   缩小故障范围的方法——试验法

当外观检查未发现故障点时，可根据故障现象，结合电气原理图分析故障原因，在不扩大故障范围、不损伤设备的前提下，进行直接通电试验或去除负载通电试验，找出故障范围。试验法的操作步骤如下。

（1）检查控制电路。操作某一只按钮或开关时，线路中有关的接触器、继电器将按规定的动作顺序动作。若某一电器元件的动作不符合要求，说明该电器元件或相关电路故障，以此确定故障范围，并进一步确定故障点，修复故障。

（2）接通主电路。控制电路恢复正常后，再接通主电路，检查控制电路对主电路的控制

电力拖动

效果，观察主电路的工作情况。

用试验法通电试验时，必须注意人身和设备安全，要严格遵守安全操作规程，不得随意触动带电部分，尽可能切断电动主电路电源；如需电动机运行，则应使电动机空载运行；要暂时隔断有故障的主电路，以免扩大故障范围。

综合练习

一、填空题

1. T68 型卧式镗床主电路有_____台电动机，分别是_____和_____。

2. T68 型卧式镗床主轴电动机 M1 的正反转控制由中间继电器_____以及接触器 KM1、KM2、KM3、KM4、KM5 完成，_____分别为正、反转启动按钮，_____为停车按钮。

3. T68 型卧式镗床的主轴电动机 M1 有_____和_____两种控制方式，停车时采用_____方式制动。

4. T68 型卧式镗床快进电动机 M2 的控制电路是_____的正反转控制电路，SQ9、SQ8 分别为_____行程开关。

二、选择题

1. T68 型卧式镗床控制线路图中，作工作台、主轴箱进给联锁保护的电器是_____。（   ）

A. SQ1   B. SQ2   C. SQ3   D. SQ4

2. T68 型卧式镗床控制线路图中，实现主轴电动机 M1 制动电阻的短接接触器是_____。（   ）

A. KM1   B. KM2   C. KM3   D. KM4

3. T68 型卧式镗床控制线路图中，主轴的制动采用_____。（   ）

A. 能耗制动   B. 反接制动   C. 电容制动   D. 回馈制动

4. T68 型卧式镗床中，主轴的变速冲动是为了_____。（   ）

A. 齿轮不滑动   B. 提高齿轮速度   C. 提高齿轮转矩   D. 齿轮容易啮合

三、判断题

1. T68 型卧式镗床主轴电动机 M1 的短路保护是由熔断器实现的。（   ）

2. T68 型卧式镗床的主运动和进给运动采用电气调速系统。（   ）

四、综合题

1. T68 型卧式镗床主轴电动机 M1 的作用是什么？

2. T68 型卧式镗床主轴电动机 M1 的启动、调速和制动控制电路属于什么电路？